222 Keywords Wirtschaftsgeografie

Springer Fachmedien Wiesbaden GmbH
(Hrsg.)

222 Keywords Wirtschaftsgeografie

Grundwissen für Wirtschaftswissenschaftler und -praktiker

2., aktualisierte Auflage

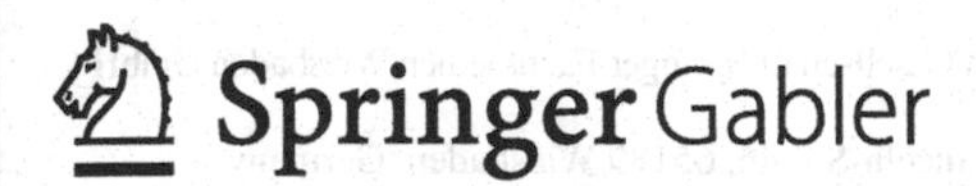

Hrsg.
Springer Fachmedien Wiesbaden GmbH
Wiesbaden, Deutschland

ISBN 978-3-658-23651-9 ISBN 978-3-658-23652-6 (eBook)
https://doi.org/10.1007/978-3-658-23652-6

Die Deutsche Nationalbibliothek verzeichnet diese Publikation in der Deutschen Nationalbibliografie; detaillierte bibliografische Daten sind im Internet über http://dnb.d-nb.de abrufbar.

Springer Gabler

Springer Gabler ist ein Imprint der eingetragenen Gesellschaft Springer Fachmedien Wiesbaden GmbH und ist ein Teil von Springer Nature
Die Anschrift der Gesellschaft ist: Abraham-Lincoln-Str. 46, 65189 Wiesbaden, Germany

Autorenverzeichnis

Professor (em.) Dr. Hans-Dieter Haas
Ludwig-Maximilians-Universität, München
Sachgebiet: Wirtschaftsgeografie

Professor Dr. Dr. Christian Henning
Christian-Albrechts-Universität, Kiel
Sachgebiet: Agrarpolitik

Professor Dr. Martin Klein
Martin-Luther-Universität Halle-Wittenberg, Halle
Sachgebiet: Entwicklungspolitik

Professor Dr. Henning Klodt
Institut für Weltwirtschaft, Kiel
Sachgebiete: Industriepolitik

Dr. Simon-Martin Neumair
Ludwig-Maximilians-Universität, München
Sachgebiet: Wirtschaftsgeografie

Dr. Carsten Weerth
Hauptzollamt, Bremen
Sachgebiete: Außenwirtschaft

Springer Fachmedien Wiesbaden (Hrsg.), *222 Keywords Wirtschaftsgeografie*,
https://doi.org/10.1007/978-3-658-23652-6_1

Adoption

Annahme einer Innovation durch verschiedene Individuen, z. B. die Annahme eines neuen Produkts durch einen Käufer. Dabei werden fünf Adoptorkategorien unterschieden.

Adoptorkategorien

Einteilungsschema der Innovations- und Diffusionsforschung, das die verschieden schnelle Adoption einer Innovation durch verschiedene Individuen beschreibt. Entsprechend den unterschiedlichen Diffusionsphasen gibt es fünf Adoptorkategorien:

(1) Innovatoren,

(2) frühe Adoptoren,

(3) frühe Mehrheit,

(4) späte Mehrheit und

(5) Zauderer.

Die Darstellung dieser Adoptorkategorien in einer Grafik, in der auf der x-Achse die Zeit und auf der y-Achse die Anzahl der Adoptoren abgetragen ist, ergibt im Idealfall eine Glockenkurve (vgl. Abbildung „Adoptorkategorien").

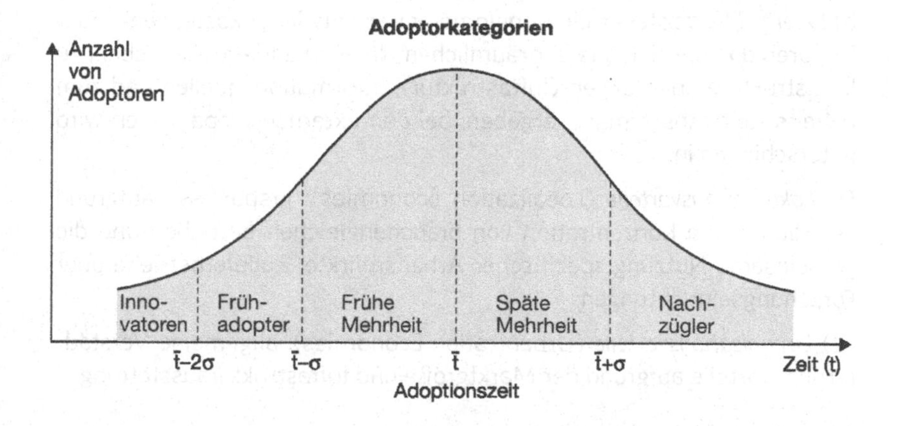

Agglomeration

Räumliche Konzentration von Elementen im Raum (vor allem von Unternehmen). Eine Agglomeration ist das Ergebnis und die Folge von Standortvorteilen bei der Verdichtung von Unternehmen gleicher (localization economies) und unterschiedlicher Branchen (urbanization economies).

Beispiele: Branchencluster (Cluster), Einkaufszentren, Factory Outlets, Fußgängerzonen.

Agglomeration steht auch für den Prozess der Anhäufung und Verdichtung von Siedlungen und Wirtschaftsbetrieben.

Agglomerationseffekte

Zentraler Begriff der Industriestandortlehre und Raumwirtschaftstheorie zur Erklärung der Raumstruktur. Agglomerationseffekte werden unterschieden in positive und negative sowie in interne und externe Effekte.

1. *Agglomerationsvorteile (positive Agglomerationseffekte):* Kostenersparnisse, die sich aus der räumlichen Ballung ergeben.

a) *Interne Ersparnisse* resultieren aus der innerbetrieblichen Konzentration an einem Standort und den damit möglichen Kostenvorteilen durch economies of scale, innerbetrieblichem Verbund und Optimierung der Organisation.

b) *Externe Effekte* stellen ein Konglomerat verschiedener kostensenkender Faktoren dar, die sich aus der räumlichen Nähe zu anderen Betrieben, zu Infrastruktureinrichtungen (Infrastruktur), Informationsquellen und zum Arbeits- und Absatzmarkt ergeben; bei den externen Ersparnissen wird unterschieden in:

(1) *Lokalisationsvorteile* (Localization Economies): Ersparnisse aufgrund der räumlichen Konzentration von branchengleichen Betrieben und die gemeinsame Nutzung spezifischer Arbeitsmärkte, Zulieferbetriebe oder Forschungseinrichtungen;

(2) *Urbanisationsvorteile* (Urbanization Economies): allgemeine Verstädterungsvorteile aufgrund der Marktgröße und Infrastrukturausstattung.

2. *Agglomerationsnachteile (negative externe Agglomerationseffekte)* sind z.B. Belastungen durch hohe Immobilienpreise und Mieten, steigende Arbeitskosten, eine überlastete Infrastruktur (z.B. Verkehrsstaus), Umweltbeeinträchtigungen sowie einen Anstieg der Lebenshaltungskosten.

Agrarerwerbsquote

Messziffer zur Darstellung des Ausmaßes der landwirtschaftlichen Erwerbstätigkeit in einem Gebiet. Die Agrarerwerbsquote gibt den Anteil der der Landwirtschaft zuzurechnenden Erwerbspersonen an der Gesamtzahl der Erwerbspersonen an.

Agrarformation

Agrarisch geprägte Wirtschaftsformation. Mit dem Begriff Agrarformation lassen sich landwirtschaftliche Systeme darstellen, die einen Raum prägen, wie z.B. Plantagenwirtschaft, Weidewirtschaft.

Agrargebiet

Nach agrarwirtschaftlichen Gesichtspunkten abgegrenzte Raumeinheit. Ein Agrargebiet ist durch die Dominanz der landwirtschaftlichen Funktion gekennzeichnet. Unter Agrargebieten versteht man im engeren Sinne Verbreitungsgebiete von bestimmten landwirtschaftlichen Betriebssystemen bzw. ähnlicher agrarsozialer Struktur.

Agrargemeinschaft

In Österreich eine zweckgebundene Sach- und Personengemeinschaft, welche - basierend auf urkundlichen oder gewohnheitsrechtlichen Ursprüngen - als historisch gewachsene Nutzungsgemeinschaft landwirtschaftliche Grundstücke verwaltet und nutzt (Allmende). Vor allem in Tirol wurden in den 1950er- und 1960er-Jahren beträchtliche, in Gemeindeeigentum stehende Flächen in den Besitz von Agrargemeinschaften überführt. Da diese über hohe Immobilienwerte verfügen und - aus Jagdpachten, dem Betrieb von Liften und Seilbahnen, der Verpachtung von Autobahnraststätten, dem Verkauf von Baugründen etc. - auch außerhalb der Landwirtschaft hohe Erlöse erzielen, sind Agrargemeinschaften Gegenstand von Auseinandersetzungen zwischen den örtlichen Landwirten und der übrigen Bevölkerung. Die Rechtslage erweist sich als kompliziert.

Agrargeografie

Zweig der Wirtschaftsgeografie. Die Agrargeografie beschäftigt sich mit der Struktur und der Entwicklung der Landwirtschaft in ihrer räumlichen Differenzierung sowie der Raumwirksamkeit agrarwirtschaftlicher Prozesse. Hierbei kommt den natürlichen Gegebenheiten (unter anderem Klima, Bodengüte), der Sozialstruktur der ländlichen Bevölkerung und der betrieblichen Organisationsform bei der Bodenbewirtschaftung große Bedeutung zu. Die Agrargeografie befasst sich sowohl mit Großräumen, z. B. Agrarzonen im Rahmen von makrogeografischen Betrachtungen, als auch mit Mikrostandorten (Agrargeografie einer Gemeinde oder eines landwirtschaftlichen Betriebs).

Agrarhandel

Kauf und Verkauf von landwirtschaftlich erzeugten Produkten. Der Agrarhandel kann unterschieden werden nach der Maßstabsebene (z. B. regional, international), dem Handelsgut oder den Handelsstufen (Großhandel und Einzelhandel). Der internationale Agrarhandel unterliegt großen Risiken (Ernteverluste, Preisschwankungen), die durch internationale Abkommen, tarifäre und nichttarifäre Handelshemmnisse sowie Buffer Stocks abgemildert werden. Für den internationalen Agrarhandel wichtigste Institution ist die World Trade Organization (WTO).

Agrarlandschaft

Wirtschaftslandschaft als Ausschnitt der Erdoberfläche, der weitgehend von der Landwirtschaft geprägt wird. Eine Agrarlandschaft zeichnet sich in der Regel durch einheitliche, zum Teil physiognomisch erkennbare Merkmale aus. Dazu zählen die Flur und die Siedlung, die Art und Weise der Bodenbewirtschaftung sowie die Sozialstruktur der Landbevölkerung.

Agrarmarkt

Summe aller Handelsbeziehungen beim Absatz agrarwirtschaftlicher Erzeugnisse. Der Agrarmarkt lässt sich nach Reichweite, Häufigkeit der stattfindenden Handelsbeziehungen, umgeschlagenen Agrarerzeugnissen und Verwendungszweck der Produkte gliedern. Auf dem Agrarmarkt kommen marktliche Elemente wie Angebot, Nachfrage, Wettbewerb und Preisbildung zum Tragen. Der Staat greift in der Regel mit dirigistischen Maßnahmen in die Geschehnisse auf dem Agrarmarkt ein.

Agrarprotektionismus

Form des staatlichen Agrarinterventionismus, welche die Agrarpreise künstlich verzerrt, mittels tarifären und nichttarifären Handelshemmnissen den Außenhandel mit Agrarprodukten manipuliert und dadurch ausländische Produzenten auf dem eigenen Markt wie auch auf Drittmärkten bewusst und politisch gewollt diskriminiert. Agrarprotektionismus ist häufig die Ursache internationaler Handelskonflikte.

Agrarreform

1. *Allgemein:* Geplante staatliche Maßnahmen zur Veränderung einer Agrarstruktur. Ziel einer Agrarreform ist die Verbesserung des Lebensstandards breiter Bevölkerungsschichten auf dem Lande (Agrargebiet) sowie generell eine Produktionssteigerung der Landwirtschaft. Zu unterscheiden sind Maßnahmen einer Bodenbesitzreform sowie solche einer Bodenbewirtschaftungsreform. Vordringliches Ziel von Agrarreformen war häufig die Zerschlagung des Großgrundbesitzes und die Aufteilung des Bodens unter der landlosen Agrarbevölkerung.

2. *Maßnahmen:* Zu unterscheiden sind Maßnahmen einer Bodenreform bzw. Bodenbesitzreform (unter anderem Umverteilung des Bodeneigentums, Bildung von Produktionsgemeinschaften, Verbesserung des Pachtwesens) sowie solche einer Bodenbewirtschaftungsreform (unter anderem Verbesserung der Produktionstechnik, Übergang von Subsistenz- zu Marktprodukten, Organisation des Markt- und Kreditwesens). Agrarreformen wurden mit Ausnahme in Afrika südlich der Sahara mit mehr oder weniger Erfolg in den meisten Ländern der Dritten Welt durchgeführt.

Räumliche Beispiele für tief greifende Agrarreformen sind unter anderem Kuba, Ägypten, Algerien, Syrien, Iran, Pakistan, Indien, Philippinen und Korea.

Agrarreformen sind nicht mit agrarpolitischen Reformen zu verwechseln, bei denen es zu einer Schwerpunktverschiebung unter den Instrumenten der Agrarpolitik oder deren Neuausrichtung kommt.

Agrarstruktur

Gesamtheit der Produktionsbedingungen sowie der sozialen Verhältnisse in Agrargebieten. Dazu zählen die Eigentums- und Besitzverteilung, die soziale Stellung der Landbevölkerung sowie die Form der Bodennutzung. Die Entwicklung der Agrarstruktur wird in der Regel stark von der gesamtwirtschaftlichen Entwicklung beeinflusst. Vor allem in den Entwicklungsländern versucht man, als nachteilig empfundene Agrarstrukturen durch Agrarreformen und weitere Maßnahmen der Agrarpolitik zu verbessern.

Agrarsystem

Agrosystem.

1. *Systemebene:* Die auf das übergeordnete Wirtschafts-, Gesellschafts- und Sozialsystem ausgerichtete Ausprägung und Kombination der institutionellen wirtschafts- und sozialorganisatorischen sowie -ethischen Verhältnisse der Landwirtschaft. Agrarsysteme unterscheiden sich im praktizierten Lebensstil, in der Gebundenheit an einzelne Regionen (Agrargebiete) und in ihrem Auftritt in einem bestimmten zeitlichen Abschnitt der soziokulturellen Entwicklung eines Raums. Charakteristisch für ein spezifisches Agrarsystem ist die jeweils unterschiedlich zusammengesetzte und bewertete Kombination der für die Landwirtschaft allgemein relevanten Standortfaktoren. Folgende *Typen von Agrarsystemen* lassen sich unterscheiden:

(1) Stammes- und Sippenlandwirtschaft mit Wandertierhaltung und Wanderfeldbau (Nomadismus);

(2) Familien- bzw. kleinbäuerliche Landwirtschaft;

(3) kapitalistische Landwirtschaft;

(4) feudalistische Landwirtschaft (Rentenkapitalismus);

(5) kollektivistische Landwirtschaft (Agrarsozialismus, Agrarkommunismus).

In Industrieländern beinhaltet das Agrarsystem mit seinen Subsystem auch die der Agrarerzeugung vorund nachgelagerten Wirtschaftsstufen. Zu den vorgelagerten Wirtschaftsbereichen gehören unter anderem die Saatgutproduktion, die Futtermittelindustrie, Agrochemie, Maschinen- und Geräteproduzenten, Wasser- und Energiewirtschaft; den nachgelagerten Wirtschaftsbereichen gehören unter anderem Handel und Vermarktungsorganisationen, die Transportwirtschaft, Verarbeitungsfirmen (Mühlen, Molkereien, Schlachthöfe, Zuckerfabriken etc.), die Verpackungs- und Textilindustrie sowie Abwasserreinigung und Abfallbeseitigung an. In Entwicklungsländern sind derartige Agrarsysteme aufgrund geringer wirtschaftlicher Diversifizierung, Spezialisierung und Dezentralisierung nicht oder nur ansatzweise vorhanden.

2. *Funktionsebene:* Landwirtschaftliche Funktions- bzw. Betriebseinheiten, die sich in Größe und Komplexität unterscheiden (z. B. Farm, Unternehmen, Plantage, Agrobusiness) oder auf die Landwirtschaft einer Region bzw. eines Landes bezogen sind.

Agrarverfassung

Begriff: Gesamtheit aller durch Gesetze, Gewohnheiten, Sitten oder Bräuche bestimmten rechtlichen und sozialen Ordnungen, welche das Verhältnis der landwirtschaftlichen Bevölkerung untereinander, zum Boden sowie ihres Umfelds als Resultat historischer Prozesse regelt.

Die Agrarverfassung ist Bestandteil der rechtlichen und sozialen Gesellschaftsordnung.

2. *Teilbereiche der Agrarverfassung:*

a) *Grundbesitzverfassung:* Betriebsgrößen, Pacht- und Eigentumsverfassung.

b) *Arbeitsverfassung:* Familien- oder Fremdarbeitsverfassung, kooperative oder kollektive Arbeitsverfassung, soziale Sicherungssysteme.

c) *Erwerbscharakter:* Haupt- bzw. Nebenerwerbsbetriebe.

d) *Marktverfassung und Ordnung der landwirtschaftlichen Gütermärkte.*

e) *Landwirtschaftliches Steuer- und Kreditsystem.*

f) *Ordnung der Nutzung der Natur:* Tier- und Umweltschutz.

Aus der Vielfalt der Ausgestaltungsformen und bestehender Bedürfnisse haben sich historisch und räumlich sehr verschiedene Agrarverfassungen ergeben.

3. *Gestaltungskräfte der Agrarverfassung:*

a) *Naturbedingte Faktoren:* Bodenverhältnisse, Klima, Geländegestalt.

b) *Gesellschaftliche Faktoren:* Staatliche Rechtsordnung, politische Ideologien, Stationen der wirtschaftlichen Entwicklung, Bevölkerungswachstum, technologischer Fortschritt, Wertvorstellungen, Wirtschafts- und Sozialstruktur, externe Einflüsse (z. B. Kolonialismus).

Agrobusiness

Agribusiness; agrarindustrielle Organisations- und Produktionsform, die in Ansätzen bereits aus der kolonialzeitlichen Plantagenwirtschaft bekannt ist. Beim modernen, aus den USA stammenden Agrobusiness handelt es sich um ein weit verzweigtes, komplexes landwirtschaftliches Produktionssystem, das die Gesamtheit aller an einem vertikalen Nahrungsmittelsystem Beteiligter (vom Rohstofflieferanten bis zum Endverbraucher) einschließt und damit von der Inputbeschaffung über die Produktion bis zur Verarbeitung und Vermarktung reicht.

Aktionsraum

Begriff aus der verhaltensorientierten Wirtschaftsgeografie; Raum, in dem eine bestimmte soziale Gruppe entsprechend ihren Bedürfnissen und Wahrnehmungen agiert. Die Grenzen eines solchen Aktionsraumes werden durch die Aktionsreichweiten, d. h. die Distanzen, die verschiedene Gruppen von einem Ausgangspunkt (z. B. Wohnung) zu bestimmten Zielorten zurücklegen, gesetzt. Verschiedene soziale Gruppen, die an ein und demselben Standort wohnen, können dabei völlig verschiedene Aktionsräume haben.

Alternativer Landbau

Mit natürlichen Einsatzstoffen betriebene Landwirtschaft. Der alternative Landbau stellt das Gegenstück zum konventionellen Landbau dar. Er vermeidet eine Übertechnisierung und entsagt dem Einsatz von Kunstdünger, chemischen Pflanzenschutz- und Unkrautvertilgungsmitteln. Vielmehr werden Naturdünger, eine manuelle bzw. mechanische Unkrautbekämpfung sowie eine biologische Schädlingsbekämpfung angestrebt.

Altindustrieregion

Region, die sich durch einen Industriebestand aus der Frühphase der Industrialisierung und fehlende Anpassungsfähigkeit an die Erfordernisse der Zeit auszeichnet. Merkmale sind eine hohe Industriedichte, ein unterdurchschnittliches Wirtschaftswachstum, strukturelle Arbeitslosigkeit, die Dominanz spezialisierter und unflexibler Großbetriebe (in ehemals sozialistischen Ländern häufig veraltete Staatsbetriebe), soziale und ökologische Probleme sowie eine Produktionsstruktur, wie sie für das Ende des Produktlebenszyklus üblich ist.

Ein plastisches Beispiel für altindustrialisierte Räume sind Regionen, in denen einst die Montanindustrie (Bergbau, Eisen- und Stahlindustrie) raum- und strukturprägend war und die sich heute in einem tiefgreifenden strukturellen Wandel befinden (z. B. Ruhrgebiet, Mittelengland, Wallonie, Asturien, Obersteiermark, Mährisch-Schlesisches Industrierevier, Elsass-Lothringen etc.).

Ankerländer

Besondere Ländergruppe unter den Schwellenländern und Entwicklungsländern. Diese Länder üben allein aufgrund ihrer Größe und Bevölkerungszahl eine zentrale Rolle für die wirtschaftliche Entwicklung und politische Stabilisierung ihrer Regionen aus.

Beispiele für Ankerländer sind unter anderem China, Indien, Thailand, Iran, Saudi Arabien, Pakistan, Russland, Türkei, Ägypten, Nigeria, Südafrika.

Apartheid

Auf rassistischer Ideologie beruhende Politik der räumlichen Separation bzw. Rassentrennung, die unter anderem in der Republik Südafrika zwischen 1948 und Anfang der 1990er-Jahre praktiziert wurde und der weißen gegenüber der nicht weißen Bevölkerung die totale soziale, politische und kulturelle Privilegierung gesetzlich garantierte. Die Apartheid hat auf *drei räumlichen Maßstabsebenen* gewirkt:

(1) Auf *Ebene der öffentlichen Einrichtungen* (Parks, Theater, Transportmittel etc.) führte die Apartheid durch bevölkerungsgruppenspezifisch strikt getrennte und genau geregelte Zugänge zur starken Einengung und räumlichen Diskriminierung individueller Aktionsräume.

(2) *In städtischen Räumen* kam die Apartheid in Segregation durch Umsiedlung und Zerstörung alter Stadtgebiete sowie die Errichtung abgegrenzter Wohngebiete (Townships) zum Ausdruck.

(3) *Auf nationaler Ebene* wurden Sonderzonen (Homelands, Bantustans) errichtet, die sich langfristig zu unabhängigen Staaten entwickeln sollten. Aufgrund des starken außenpolitischen Drucks sowie der wirtschaftlichen Ächtung durch internationale Embargos und Boykotte konnte die Politik der Apartheid in den 1980er-Jahren nicht mehr in vollem Ausmaß umgesetzt werden. Sie endete faktisch mit der Freilassung von N. Mandela (1990) und offiziell mit der Verabschiedung einer neuen Verfassung (1994). Noch heute stellen die Folgen der Apartheid eine schwer zu überwindende Entwicklungshürde dar und kommen in den wirtschaftsräumlichen Strukturen des Landes zum Ausdruck.

Arrondierung

Zusammenlegung von Grundbesitz. Arrondierung kann auf privater Basis oder im Rahmen eines amtlich durchgeführten Flurbereinigungsverfahrens erfolgen. Eine Total-Arrondierung bedeutet, dass alle früher verstreut gelegenen Grundstücke eines landwirtschaftlichen Betriebes zu einer Einheit zusammengefasst werden. Eine Aussiedlung ist dabei nicht zwingend erforderlich.

Ausbreitungseffekt

Spread Effect; in der Wachstumspoltheorie Effekt, der von einem Zentrum in dessen Peripherie wirkt und dort Wirtschaftswachstum hervorruft. Ausbreitungseffekte können über Preise, Innovationen und Investitionen vermittelt werden.

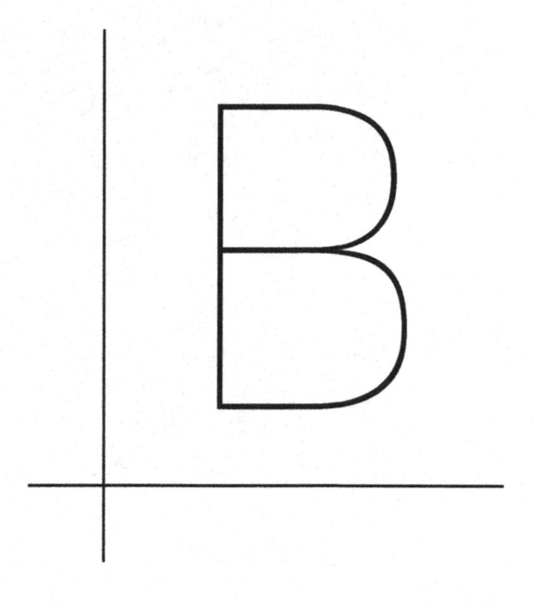

Springer Fachmedien Wiesbaden (Hrsg.), *222 Keywords Wirtschaftsgeografie*,
https://doi.org/10.1007/978-3-658-23652-6_2

Backwash-Effekt

Zentrengerichteter Vorgang, bei dem periphere oder ländliche Räume zugunsten der Zentren Ressourcen abgeben. Backwash-Effekte können sich im Rahmen einer globalen, wie einer staatlichen oder regionalen Betrachtung einstellen.

Behaviouristische Standorttheorie

Ende der 1960er-Jahre von A. Pred begründeter verhaltenswissenschaftlicher Ansatz der Standorttheorie. Im Gegensatz zu den auf dem raumwirtschaftlichen Ansatz beruhenden Standorttheorien basiert die behaviouristische Standorttheorie auf der Annahme, dass jede Entscheidung von subjektiven Präferenzen und vom Informationsstand des Entscheidungsträgers abhängig ist (Satisfizer).

Bergbaugeografie

Zweig der Wirtschaftsgeografie, der sich mit der Generierung vor allem mineralischer Rohstoffe, den Erscheinungsformen bergbaulicher Aktivitäten sowie dem Gesamtcharakter eines vom Bergbau strukturell geprägten Wirtschaftsraums (Bergbauregionen) befasst. Da der Bergbau infolge seiner verfahrenstechnischen Koppelung statistisch und thematisch häufig den nachgelagerten, standortgebundenen Industrien zugeordnet wird, lässt sich die Bergbaugeografie auch der Industriegeografie zurechnen. Die Ressourcengeografie (Geografie der Rohstoffe), welche die Verbreitung von Ressourcen und Rohstoffen, Welthandelsstrukturen und die Entwicklungsmöglichkeiten eines Raums durch Rohstoffe thematisiert, ist von der Bergbaugeografie inhaltlich mit eingeschlossen.

Bewirtschaftungsgemeinschaft

Gewannenbewirtschaftung; Form der Kooperation unter Landwirten, die darauf abzielt, ohne Veränderung der Pacht- und Eigentumsverhältnisse die Feldstücke einer Gemarkung über die Grenzen einzelner, bestehender Parzellen und Betriebe hinweg gemeinschaftlich als größere Einheit zu bewirtschaften. Den Kern einer Bewirtschaftungsgemeinschaft bildet ein der Größe der Kooperationseinheit angepasster Maschinenpark. Die Gestaltung der Fruchtfolge und alle Bearbeitungsvorgänge werden gemeinsam geplant und durchgeführt, als ob es sich um einen großen Betrieb handelt. Durch Betriebsgrößenvorteile und Flächenstrukturverbesserungen lassen sich Degressionseffekte bei sämtlichen Kosten des Ackerbaus (Saat-, Dünge-, Pflanzenschutz-, Ernte- und Transportkosten) auch für kleine Betriebe realisieren. Zur genauen flächenanteilsmäßigen Zuordnung der Bewirtschaftungskosten (z. B. für Saat, Düngung und Pflanzenschutz) zu den einzelnen Landwirten und deren Abrechnung, aber auch im Hinblick auf den Erhalt landwirtschaftlicher Direktzahlungen, ist der Einsatz modernster Technik (z. B. GPS-Systeme) notwendig. Ferner müssen der Großteil der Flächen der beteiligten Landwirte räumlich aneinander anschließen sowie die einzelbetrieblichen Fruchtfolgen und Bewirtschaftungsformen (intensiv/extensiv, konventionell/ökologisch, pfluglos/wendend) möglichst homogen sein.

Blockfreie Länder

Non-Aligned Movement (NAM); 1961 in Belgrad gegründeter Zusammenschluss nicht paktgebundener Länder (vor allem Entwicklungsländer und Schwellenländer) mit dem Anliegen, mehr Unabhängigkeit gegenüber den Machtblöcken in Ost und West zu erzielen. Die Gruppe umfasst mittlerweile 120 Mitgliedsstaaten. Merkmale sind die Ablehnung der Beteiligung an Bündnissystemen, Widerstand gegen sämtliche Formen der Fremdherrschaft und die Anerkennung friedlicher Koexistenz auf Basis von Gleichberechtigung aller Staaten. Die Organisation ist bei der UN registriert. Neben der Erreichung der Blockfreiheit ist die Schaffung einer Neuen Weltwirtschaftsordnung und der Abbau des Nord-Süd-Konflikts zentraler Bestandteil der Forderungen in der Gruppe der blockfreien Länder.

Bodenbonitierung

Bodenschätzung; Einteilung des Bodens in Bonitätsklassen (Beschaffenheit, Ertragsfähigkeit und Verwendungszweck) auf Basis des Gesetzes zur Schätzung des landwirtschaftlichen Kulturbodens bzw. Bodenschätzungsgesetzes (BodenSchätzG) von 1934 (neugefasst 2007).

Man unterscheidet zwei Arten von Bodenbonitierung:

(1) die *Schätzung des Ackerlandes* und

(2) *die des Garten- und Grünlandes.* Die Schätzungen werden dabei nach dem Ackerschätzungsrahmen bzw. dem Schätzungsrahmen für Grünland (= Bodenbewertungstabelle zum Ablesen der durch die Bodenbeschaffenheit bedingten, relativen Reinertragsunterschiede für verschiedene Ackerböden sowie Garten- und Grünland) durchgeführt.

Die Festlegung der Bodengüte ist wichtige Grundlage für die Ermittlung des Einheitswertes landwirtschaftlicher Betriebe sowie für die Wirtschaftspolitik und zu Kreditzwecken.

Bodennutzungssystem

Begriff der Agrargeografie zur Klassifikation von Agrarbetrieben und Agrarräumen nach dem Anteil der einzelnen Nutzpflanzen bzw. Kulturarten an der gesamten landwirtschaftlichen Nutzfläche. Dieser Anteil wird mit einer Wägezahl gewichtet, die aus dem Arbeitsaufwand oder Ertragswert der jeweiligen Kulturart bestimmt wird. Bodennutzungssysteme werden in der Regel nach der Leit- und der zweitrangigen Begleitkultur benannt (in Westeuropa z. B. Futter-Getreidebausystem, Getreide-Hackfruchtbausystem, Sonderkulturen).

Bodenreform

Umgestaltung der privaten Eigentumsverhältnisse an Boden mit dem Ziel,

(1) Großgrundbesitz aufzulösen oder zu verringern und (kleinere) Familienwirtschaften oder Kollektivwirtschaften (kommunistische Vorstellung) zu schaffen, oder

(2) unwirtschaftliche Kleinwirtschaften in Wirtschaften mit rentablen Betriebsgrößen umzugestalten.

Bodenzahl

Maßzahl, die angibt, welcher Reinertrag auf einem Boden zu erzielen ist. Sie ergibt sich in Prozent des Reinertrages auf dem fruchtbarsten Boden in Deutschland (den Schwarzerdeböden der Magdeburger Börde), der gleich 100 gesetzt wird. Die Bewertung der Acker- und Grünlandböden in Deutschland geht zurück auf die Bodenschätzung des Deutschen Reiches 1934.

Brain Drain

1. *Begriff:* Emigration von Arbeitskräften, die dem Abwanderungsland Kenntnisse und Fertigkeiten, d.h. in den Menschen inkorporiertes Humankapital, entzieht. Besonders in Ländern der Dritten Welt wird der Brain Drain als entwicklungsbeeinträchtigender Faktor angesehen (Kontereffekt).

2. *Ursachen* sind exogene Faktoren (z.B. bessere Arbeitsbedingungen und Entlohnung in den Industrieländern) und endogene Faktoren (z.B. den Opportunitätskosten nicht entsprechende Entlohnung, politische Instabilität, Diskriminierung und Unterdrückung bis hin zur Verfolgung Intellektueller).

3. *Wirkungen* für das Abwanderungsland:

a) Mögliche *negative Wirkungen* unter anderem:

(1) Rückgang der Produktivität der verbliebenen Arbeitskräfte und sonstigen Produktionsfaktoren aufgrund gestärkter komplementärer Beziehungen;

(2) Entfallen externer Erträge, die von den Emigranten erzeugt und mit der Entlohnung nicht abgegolten wurden;

(3) Entfallen eventueller bisher von den Emigranten geleisteter Transferzahlungen zugunsten von Inländern;

(4) nicht abgegoltene, vom Abwanderungsland getragene Ausbildungskosten, deren Erträge dem Zuwanderungsland zufallen.

b) Mögliche *positive Wirkungen* unter anderem:

(1) Teilhabe des Heimatlandes an von dem Abgewanderten im Ausland erzielten Forschungsergebnissen (Tropenmedizin, Agrarforschung unter anderem);

(2) bei temporärer Abwanderung unentgeltlicher Zustrom von Humankapital bei der Rückkehr ins Heimatland durch zusätzliche Qualifikation im Ausland;

(3) im Fall der „Produktion" von Akademikerüberschüssen (wie in einigen Entwicklungsländern) Entlastung des Arbeitsmarktes, politische Stabilisierung und unter Umständen auch Entlastung des Staatshaushalts (z. B. wenn durch die Abwanderung überschüssige Arbeitskräfte aus dem öffentlichen Sektor abgezogen werden).

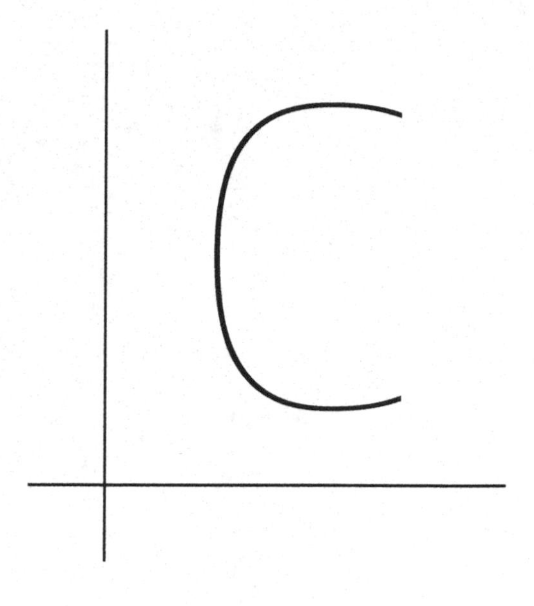

Springer Fachmedien Wiesbaden (Hrsg.), *222 Keywords Wirtschaftsgeografie*,
https://doi.org/10.1007/978-3-658-23652-6_3

Cairns Gruppe

Vereinigung agrarexportierender Länder, in der sich Industrieländer und Entwicklungsländer für Verhandlungen zur Liberalisierung des internationalen Agrarhandels vor dem Hintergrund des GATT bzw. der World Trade Organization (WTO) zu einer gemeinsamen, starken Interessensvertretung zusammengeschlossen haben. Sie bezeichnen sich selbst als „nicht subventionierende" Freihändler und gelten als Wortführer in der Kritik an protektionistisch ausgerichteten Agrarpolitiken anderer Staaten, vor allem der gemeinsamen Agrarpolitik der EU (GAP). Der Cairns Gruppe gehören Argentinien, Australien, Bolivien, Brasilien, Chile, Costa-Rica, Guatemala, Indonesien, Kanada, Kolumbien, Malaysia, Neuseeland, Pakistan, Paraguay, Peru, Philippinen, Südafrika, Thailand und Uruguay an (Stand 2017).

Cash Crops

Für den Markt erzeugtes Agrarprodukt. Cash Crops stehen im Gegensatz zu Erzeugnissen, die der Selbstversorgung dienen.

City

Zentral, zumeist in der Innenstadt gelegener Teilraum einer größeren Stadt, dessen Flächennutzung durch die räumliche Konzentration hochrangiger zentraler Einrichtungen des Handels- und Dienstleistungsgewerbes bestimmt ist (Flächennutzungskonkurrenz). Mit zunehmender Größe der Stadt und des Hauptgeschäftszentrums entwickeln sich funktionalräumliche Gliederungen innerhalb der City (Haupt- und Nebengeschäftstraßen, Bankenviertel, Büroviertel, Regierungsviertel unter anderem). Die Spekulation auf die City-Expansion führt am Cityrand, vor allem in Entwicklungsländern, vielfach zur Bildung von Slums (Blight Areas).

City-Logistik

Überbetriebliche Konzepte zur Versorgung und Entsorgung von Verdichtungsräumen mit dem Ziel der Optimierung des Liefer- und Abholverkehrs durch Vernetzung der individuellen Lieferketten von Einzelwirtschaften in Innenstädten.

Cluster

1. *Begriff:* räumliche Konzentration miteinander verbundener Unternehmen und Institutionen innerhalb eines bestimmten Wirtschaftszweiges. Der Cluster kann neben Unternehmen vernetzter Branchen auch weitere für den Wettbewerb relevante Organisationseinheiten (z. B. Forschungsinstitutionen, Hochschulen, Kammern, Behörden, Finanzintermediäre, Normen setzende Instanzen etc.) beinhalten. Als räumliche Zusammenballung von Menschen, Ressourcen, Ideen und Infrastruktur stellt sich ein Cluster als hoch komplexes Netzwerk mit dynamischen internen Interaktionen dar, das nicht zwingend mit administrativen Grenzen kongruent sein muss. Die Grundüberlegung ist, dass räumliche Nähe die wirtschaftliche Entwicklung sowie die Entstehung von Wissen und Innovationen fördert.

2. *Dimensionen eines Clusters:* Es lassen sich folgende Dimensionen eines Clusters unterscheiden:

a) *Horizontale Dimension:* Sie beschreibt die gleichzeitige Präsenz von Unternehmen, die ähnliche Produkte herstellen, und daher in Konkurrenz stehen. Zwar unterhalten sie keine intensiven Kontakte zueinander, profitieren aber von der Kopräsenz an einem Standort, welche sie in die Lage versetzt, sich über Produkte und Produktionsbedingungen der Wettbewerber zu informieren. Dies ist vor allem bei räumlicher Nähe möglich, über längere Distanzen dagegen nur schwer zu erreichen.

b) *Vertikale Dimension:* Sie meint die Konzentration vorund nachgelagerter Unternehmenseinheiten. Sobald ein spezifischer industrieller Cluster existiert, besteht für Zulieferer, Abnehmer und Dienstleister der Anreiz, sich in derselben Region niederzulassen, um Agglomerationseffekte auszuschöpfen. Der Ansiedlungsanreiz ist dabei umso stärker ausgeprägt, je intensiver die Arbeitsteilung innerhalb der Wertschöpfungskette des Clusters ist.

c) *Institutionelle Dimension:* Sie bezieht sich darauf, dass regionale Konzentrationsprozesse die Bildung eines spezifischen Regel- und Normensystems begründen. So teilen die Clusterakteure dieselben bzw. sich ergänzende Technikvorstellungen und Arbeitswerte, sodass sich feste Beziehungen und Konventionen bilden, welche die Grundlage für Zuverlässigkeit und Vertrauen in die gegenseitige Leistungsfähigkeit sind.

d) *Externe Dimension:* In ihr kommt zum Ausdruck, dass die Offenheit eines Clusters nach außen von substanzieller Bedeutung ist. Die kontinuierliche Integration externer Impulse gilt als unabdingbare Voraussetzung für die Sicherstellung der Reproduktivität und die Generierung von Innovations- und Wachstumsprozessen über clusterinterne Netzwerke. Ein sogenannter „lock in", d.h. die kreative Austrocknung eines Clusters durch mangelnde Impulse von außen, ist zu vermeiden.

3. *Eigenschaften und Beispiele:* Cluster divergieren hinsichtlich ihrer Größe, Bandbreite und ihres Entwicklungsstandes. Sie bestehen meist aus kleinen und mittleren Unternehmen (z.B. der italienische Schuhmodencluster oder der Möbelcluster im US-Bundesstaat North Carolina), umfassen gegebenenfalls aber auch größere Unternehmen (z.B. das Silicon Valley oder Hollywood). Die zusammengefassten Unternehmen können modernen Hochtechnologiebranchen entstammen. Beispiele sind unter anderem die Route-128-Region im Raum Boston (Minicomputer, Softwareentwicklung, Bio- und Gentechnologie), Sophia Antipolis in Südfrankreich und der M4-Corridor im britischen Berkshire/Thames Valley (Informations- und Telekommunikationstechnologie), die südschwedischen Regionen Lund und Malmö sowie Martinsried bei München (Biotechnologie). Es kann sich aber auch um konventionelle Branchen, wie z.B. die Textilindustrie auf der Schwäbischen Alb, die Messerwarenindustrie in Solingen, das Fahrradhandwerk in Freiburg, die Uhrenindustrie im Schweizer Jura, den Standortverbund des kalifornischen Weinanbaus oder das Dritte Italien (unter anderem Schuhe, Textilien, Möbel, Glas in Nordostitalien), handeln.

Zu beachten ist, dass von einem Cluster auch Gefahren für die wirtschaftliche Entwicklung einer Region ausgehen können. Dies gilt insbesondere dann, wenn der Cluster nur aus wenigen Branchen besteht, auf welche sich die Region, z.B. bei der Bereitstellung von Infrastruktur, der Wirtschaftsförderung oder der Qualifizierung von Arbeitskräften, einseitig spezialisiert. Eine derartige, anpassungsresistente Monostruktur macht eine Region gegenüber strukturellen und konjunkturellen Krisen besonders anfällig. Als Beispiele lassen sich der Niedergang der Montanindustrie im Ruhrgebiet, die Krise des Automobilstandortes Detroit und die nachlassende Wettbewerbsfähigkeit der Schweizer Uhrenindustrie Ende der 1980er-/Anfang der 1990er-Jahre anführen. Zu beachten ist ferner, dass bei einer zu starken Ausrichtung eines Clusters auf lokale Beziehungen und Institutionen wichtige nationale oder internationale Bezüge vernachlässigt werden.

Hinzu kommen klassische Agglomerationsnachteile. Denn ein clusterbedingtes Wirtschaftswachstum führt zu regionalen Belastungen durch hohe Immobilienpreise und Mieten, steigende Arbeitskosten sowie eine überlastete Infrastruktur. Ein Anstieg der Lebenshaltungskosten und Umweltbelastungen bewirkt, dass die Zuwanderung qualifizierter Arbeitskräfte und damit die Wettbewerbsfähigkeit wieder nachlassen.

Counterurbanization

Phase im Urbanisierungsprozess, der durch eine Umverteilung von Bevölkerung und Arbeitsplätzen aus den Verdichtungsräumen in die ländlichen und peripheren Gebiete (Peripherie) gekennzeichnet ist.

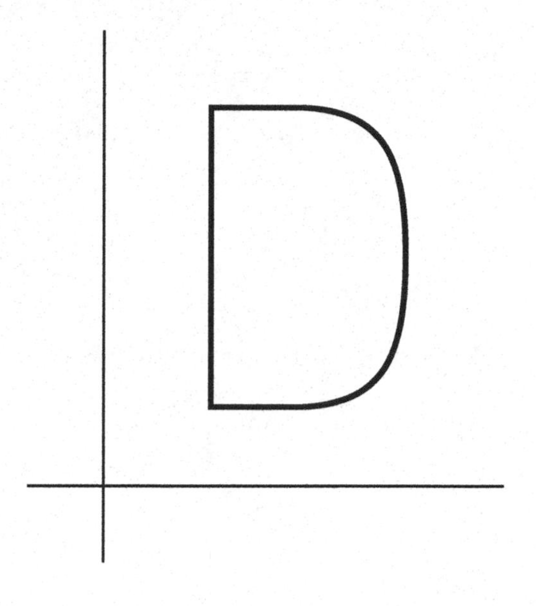

Springer Fachmedien Wiesbaden (Hrsg.), *222 Keywords Wirtschaftsgeografie*,
https://doi.org/10.1007/978-3-658-23652-6_4

Dienstleistungsgeografie

Teilbereich der Wirtschaftsgeografie, der mit der zunehmenden Tertiärisierung der Wirtschaft an Bedeutung gewinnt. Die Dienstleistungsgeografie befasst sich mit den räumlichen Strukturen und Entwicklungen im tertiären Sektor (Dienstleistungssektor). Untersucht werden Lokalisationsformen, Standortbedingungen, Organisationsformen und Raumwirksamkeit der Unternehmen dieses Wirtschaftssektors sowie das räumliche Verhalten von Beschäftigten und Kunden. In der Regel stehen Teilbereiche der Dienstleistungsgeografie (z. B. Handelsgeografie, Freizeitgeografie, Tourismusgeografie, Verkehrsgeografie) im Mittelpunkt der Betrachtung. An Bedeutung haben Forschungen über sogenannte wissensintensive Dienstleistungen („knowledge intensive business services") sowie über die Internationalisierung von Dienstleistungen gewonnen.

Diffusion

1. *Begriff:* Aus der Innovations- und Diffusionsforschung stammender Begriff, der den Prozess der raum-zeitlichen Ausbreitung einer Innovation im sozial-räumlichen System beschreibt. Objekte und Einstellungen, welche die Diffusion von Innovationen verhindern, werden als *Diffusionsbarrieren* bezeichnet (natürliche, kulturelle, psychologische Diffusionsbarrieren). Die Diffusion einer Innovation findet mittels der Adoption der Innovationen durch einzelne Individuen statt.

2. *Phasen:* Nach dem Grad der Diffusion einer Innovation lassen sich vier Diffusionsphasen unterscheiden (Initialphase, Expansionsphase, Verdichtungsphase und Sättigungsphase). Den unterschiedlichen Diffusionsphasen werden Adoptorkategorien zugeordnet.

Digital Divide

Digitale Polarisierung; Unterschied zwischen Industrieländern und Entwicklungsländern in der Nutzung und dem Zugang zur digitalen, internationalen Kommunikationsinfrastruktur. Die Menschen, die das Internet nutzen, machen gerade einmal ein gutes Viertel der Weltbevölkerung aus. Dabei fällt der Bevölkerungsanteil mit Zugang zum Internet regional extrem unterschiedlich aus: Während in Afrika knapp 27 Prozent der Bevölkerung über einen Internetzugang verfügen, sind es in Nordamerika fast 90 Prozent (bezogen auf das Jahr 2016). Die Ursachen für diese globale Wissens- und Informationskluft liegen in den mangelnden technischen Voraussetzungen für Internetanschlüsse in den Entwicklungsländern, die in einer häufig nicht gegebenen Stromversorgung mit zahlreichen Ausfällen in den Städten sowie dem oft gänzlichen Fehlen von Elektrizität in ländlichen Räumen sowie der geringen Anzahl von Telefonanschlüssen, insbesondere auf dem Land, zum Ausdruck kommen. Die - gemessen am Einkommensniveau der Entwicklungsländer - hohen Kosten für Hardware, Internetanschluss sowie Telefongebühren, aber auch mangelnde Lese- und Schreibkenntnisse tragen ihr weiteres dazu bei.

Drittes Italien

Bezeichnung für Teile Mittelitaliens, vor allem den Nordosten Italiens, in dem sich seit den 1970er-Jahren eine vom altindustrialisierten Nordwesten (Altindustrieregion) und dem peripheren Süden Italiens (Mezzogiorno) abweichende Wirtschaftsstruktur in kleinräumig und territorial abgrenzbaren Industriedistrikten (Cluster) entwickelt hat. Diese ist durch eine flexible Produktionsorganisation von spezialisierten, kooperierenden kleinen und mittelständischen Unternehmen geprägt, die sich als relativ unempfindlich gegenüber externen Einflüssen erwiesen hat. Beispiele sind unter anderem Prato (Textilien), Como (Seide), Cantù (Möbel), Murano (Glas), Belluno (Brillen), Montebelluna (Sportschuhe), Riviera del Brenta (Schuhe).

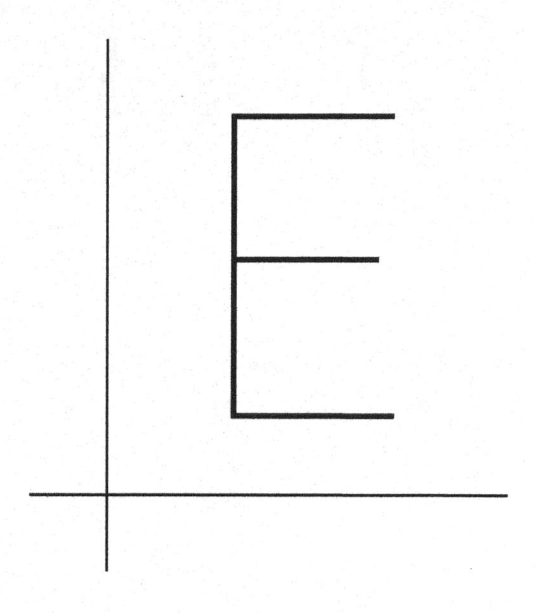

Springer Fachmedien Wiesbaden (Hrsg.), *222 Keywords Wirtschaftsgeografie*,
https://doi.org/10.1007/978-3-658-23652-6_5

Embeddedness

In der relationalen Wirtschaftsgeographie verwendeter Begriff für die Einbettung ökonomischer Aktivitäten in soziokulturelle Beziehungssysteme bzw. eines Unternehmens in sein soziokulturelles Umfeld.

Energieträger

Stoffe oder andere Kräfte, die geeignet sind, im physikalischen Sinn Arbeit zu leisten. Man unterscheidet *Primärenergieträger*, die in natürlicher Form gewonnen werden können wie etwa Stein- und Braunkohle, Mineralöl, Erdgas, aber auch Holz, Torf und Sonnenlicht oder Wind. Uran und Thorium sind als spaltbare Atome für die Stromerzeugung in Kernkraftwerken geeignet. Die in der Natur gefundenen Energieträger sind in der Regel nicht homogen; so unterscheiden sich die in Deutschland gefundenen Erdgasvorkommen erheblich in ihrer chemischen Zusammensetzung und damit auch im Brennwert. Um den Endnutzer die gewünschte Homogenität und auch überhaupt eine einfache Einsetzbarkeit zu ermöglichen, werden die Primärenergieträger in andere Energieträger umgewandelt: Kraftstoffe, Heizöl oder im Brennwert homogenes Erdgas, elektrischer Strom und Ähnliches sind als Sekundärenergieträger für die Endnutzer besser geeignete *Endenergieträger*. Durch den Umwandlungsprozess entstehen energetische Verluste.

Für eine vergangene Periode werden die Umwandlungsprozesse vom Primärenergieeinsatz bis hin zum letzten Einsatz der Endenergieträger in der Energiebilanz ausgewiesen.

Ertragspotenzial

In der Agrargeografie partielles Naturraumpotenzial, welches das Vermögen eines Naturraumes beschreibt, organische Substanzen hervorzubringen und die Bedingungen für die Erzeugung organischer Substanzen wiederherzustellen. Das Ertragspotenzial ist vor allem klima- und bodenabhängig.

Euregio

Ursprüngliche Bezeichnung für die grenzüberschreitende Region zwischen Rhein, Ems und Ijssel, die ähnliche Strukturprobleme (krisenanfällige Landwirtschaft, Textil- und Bekleidungsindustrie, schlechte Infrastruktur etc.) aufweist. Heute wird das Konzept der Euregio in Europa mehrfach genutzt. Ziel ist es, die durch nationale Randlagen entstandenen Rückstände in mehreren Bereichen (z.B. Wirtschaft und Verkehr, Arbeitsmarkt, Technologietransfer, Umwelt, Tourismus, Kultur etc.) aufzuholen. Euregionen unterscheiden sich in ihrer inhaltlichen Schwerpunktsetzung, der Reichweite ihrer Handlungskompetenzen sowie ihrem organisatorischen Aufbau. Die Mitgliedschaft in Euregionen wird meist von kommunalen Gebietskörperschaften, manchen Ortes auch Kammern oder sonstigen Interessenverbänden ausgeübt, und ist stets freiwillig.

Organisatorisch sehen sich viele Euregionen mit dem Problem konfrontiert, dass die Errichtung grenzüberschreitender öffentlich-rechtlicher Körperschaften an den meisten zwischenstaatlichen Grenzen der EU aus staats- und völkerrechtlichen Gründen nicht möglich ist. Dem Handlungsspielraum einer Euregio sind ferner wegen ihrer Stellung zwischen den staatlichen Verwaltungsebenen der EU-Mitgliedsstaaten sowie der häufig schwachen finanziellen Ausstattung enge Grenzen gesetzt. Erschwerend wirken sich zusätzlich interregionale politische Divergenzen, der Argwohn der um Souveränitätsverzicht fürchtenden nationalen Zentren, sprachliche und legislative Unterschiede sowie kulturelle Ressentiments aus.

Extensivierung

1. Bezogen auf die Landwirtschaft: Aus ökonomischen oder natürlichen ökologischen Gründen ist in manchen Klima- und Bodenlandschaften lediglich eine extensive Landwirtschaft möglich.

2. Im Zusammenhang mit der Ökologisierung der Landwirtschaft spielt die flächendeckende Extensivierung eine Rolle. Sie zielt auf eine Drosselung des agrarökologischen Durchsatzes an Stoffen und Energie ab. Durch bewussten Verzicht auf die volle Ausschöpfung des biotischen Ertragspotenzials (=Leistungsvermögen des Landschaftshaushaltes zur Produktion ertragsmäßig verwertbarer Biomasse) kommt es zu einer allgemeinen Verringerung des Nutzungsdrucks auf die Landschaftsökosysteme. Außerdem wird die Verlagerung von Nähr- und Schadstoffen in andere Raumeinheiten vermindert oder verhindert.

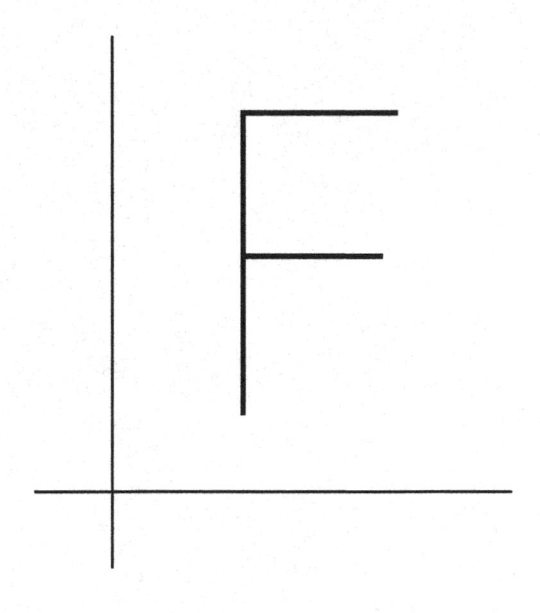

Springer Fachmedien Wiesbaden (Hrsg.), *222 Keywords Wirtschaftsgeografie*,
https://doi.org/10.1007/978-3-658-23652-6_6

Fernerkundung

Verfahren zur Beobachtung der Erdoberfläche, der Meeresoberfläche und der Atmosphäre aus Flugzeugen oder Raumfahrzeugen (Satelliten), welche zur Gewinnung von Informationen die von den Objekten ausgehende elektromagnetische Strahlung benutzen (Remote Sensing).

Filialisierung

Standortspaltung vor allem von Einzelhandels- und Dienstleistungsunternehmen, welche der Gewinnung neuer Absatzgebiete und der Ausweitung des Marktanteils an einem Ort dient. Filialisierung beschreibt auch die Entwicklung, dass der Einzelhandel in Stadtzentren zunehmend von Filialisten dominiert wird.

Flächennutzungskonkurrenz

Wettbewerb um die Nutzung von Flächen im Bereich von Raumkategorien, in denen hohe Flächennachfrage besteht. Flächennutzungskonkurrenz tritt vor allem in Kerngebieten von Verdichtungsräumen auf und besteht dort vor allem zwischen den Grunddaseinsfunktionen Wohnen und Versorgen.

Flächenrecycling

Wiederbelebung ehemals gewerblicher, industrieller oder militärischer Brachflächen. Diese sind häufig aufgrund ihrer früheren Nutzung mit Schadstoffen (Altlasten) behaftet. Ziel ist vor allem die Innenentwicklung von Siedlungen.

Fluch der Rohstoffe

Unter Entwicklungsökonomen und Geografen diskutierte These, welche den Reichtum an Rohstoffen vieler Entwicklungsländer für Demokratiedefizite und extreme Korruption verantwortlich macht und als Entwicklungshemmnis beim Streben nach wirtschaftlicher Prosperität erscheinen lässt. Meist handelt es sich dabei um strategische Rohstoffe, d. h. Energieträger (z. B. Erdöl, Erdgas, Kohle, Uran) oder industriell genutzte Rohstoffe, welche existenziell für die Funktionsfähigkeit der Volkswirtschaften von Industrieländern sind (z. B. Kupfer, Kobalt, Platin, Mangan, Coltan etc.), aber auch um gewinnträchtige Minerale wie Diamanten, Edelsteine, Gold und mit Abstrichen wertvolle Tropenhölzer. Aufgrund ihres Beutecharakters werden derartige Rohstoffe zu einer bedeutenden Einnahmequelle für einflussreiche Eliten. Die Gewinne aus dem Rohstoffhandel fließen nicht nur in die Entwicklung des jeweiligen Landes, sondern auch in die Errichtung und Aufrechterhaltung klientelistischer Herrschaftssysteme. Nicht selten kommt es - wie die Beispiele „Blutdiamanten" in Westafrika, Coltan im Ostkongo oder Erdöl in Nigeria zeigen - zu kriegerischen Auseinandersetzungen und demzufolge zu dauerhaften politischen und wirtschaftlichen Instabilitäten.

Flur

Parzellierte landwirtschaftliche Nutzfläche eines Siedlungs- und Wirtschaftsverbandes. Die Parzellierung ergibt sich dabei überwiegend durch Besitzparzellen und in geringerem Maße durch Wirtschaftsparzellen.

Flurbereinigung

1. *Feldbereinigung:* staatliches Ordnungsinstrument zur allgemeinen Verbesserung der Agrarstruktur. In Gemarkungen, in denen (z. B. aufgrund der Realteilung) Strukturmängel bestehen, kommt es durch die freiwillige oder im Anordnungsverfahren durchgeführte Um- bzw. Zusammenlegung unwirtschaftlicher Fluren zur Neustrukturierung des ländlichen Grundbesitzes. Aus vielen kleinen auseinander liegenden Feldern eines landwirtschaftlichen Betriebs entstehen ein oder mehrere große Blöcke (Arrondierung). Die Flurbereinigung macht eine Bodenschätzung (Bodenbonitierung) notwendig, damit bei ungleicher Bonität ein Wert- bzw. Flächenausgleich erfolgen kann.

Dem großen Vorteil einer verbesserten Flächenstruktur stehen der Nachteil einer sich in der Regel über Jahre hinwegziehenden Klärung der Eigentumsverhältnisse, strenge naturschutzrechtliche Belange (z. B. die Anlegung ökologischer Ausgleichsflächen) sowie hohe Kosten unter anderem für die Bodenwertermittlung, den Erwerb von Ausgleichsflächen sowie den Straßen- und Wegebau, an denen die Eigentümer beteiligt werden, gegenüber.

Rechtliche Grundlage: Zur Verbesserung der Produktions- und Arbeitsbedingungen in der Land- und Forstwirtschaft sowie zur Förderung der allgemeinen Landeskultur und Landentwicklung kann ländlicher Grundbesitz durch Maßnahmen nach dem Flurbereinigungsgesetz i. d. F. vom 16.3.1976 (BGBl. I 546) m.spät.Änd. neu geordnet werden.

Das Flurbereinigungsgebiet ist unter Beachtung der jeweiligen Landschaftskultur neu zu gestalten. Die Feldmark ist neu einzuteilen und zersplitterter oder unwirtschaftlich geformter Grundbesitz nach betriebswirtschaftlichen Gesichtspunkten zusammenzulegen. Dabei sind die rechtlichen Verhältnisse zu ordnen (§ 37 FlurbG). Jeder Grundstückseigentümer ist für seine Grundstücke mit Land von gleichem Wert abzufinden (§ 44 FlurbG).

2. *Baugesetzbuch:* Zur Erschließung oder Neugestaltung bestimmter Gebiete können bebaute und unbebaute Grundstücke durch Umlegung so neu geordnet werden, dass für die bauliche oder sonstige Nutzung zweckmäßig gestaltete Grundstücke entstehen (§§ 45 ff. BauGB).

Fokales Unternehmen

Zentrales Unternehmen in einem strategischen Netzwerk, dem die Aufgabe der Selektion bei der Aufnahme von Unternehmen in das Netzwerk, die Koordination der spezialisierten Aktivitäten der Netzwerkunternehmen sowie die Steuerung des Wissenstransfers und die Evaluierung der erbrachten Leistungen innerhalb des Netzwerkes zufällt.

Footloose Industry

Englisch für *ungebundene Industrie*; weitgehend standortneutrale Industrie. Für die der Footloose Industry zuzurechnenden industriellen Branchen ist es in der Regel gleichgültig, wo ihre Produktionsstätten liegen. Überall, wo es billige Arbeitskräfte gibt, sind schnell zu verlagernde Produktionsstätten möglich (z. B. Bekleidungsindustrie).

Fordismus

Von H. Ford eingeführtes Herstellungsprinzip und die auf ihn zurückgehende Produktionsweise. Merkmale sind Massenproduktion, Fließproduktion, ein hohes Maß an Standardisierung, große Fertigungstiefe und vertikale Integration sowie die Produktion für den Massenkonsum. Der Produktionsprozess ist in eine Vielzahl von Arbeitsschritten zerlegt, die durch relativ gering qualifiziertes Personal ausgeführt werden können.

Fordismuskrise

In der Regulationstheorie verwendeter Begriff für die strukturelle Krise, die in den 1970er-Jahren die seit dem Ende des Zweiten Weltkriegs anhaltende stabile wirtschaftliche Wachstumsphase des Fordismus in den westlichen Industrieländern abgelöst und zu einem wirtschaftlichen und gesellschaftlichen Wandel (Postfordismus) geführt hat.

Forschungspark

Standortgemeinschaft von Unternehmungen, die forschungsorientiert sind bzw. mit Einrichtungen der Forschung in engem (räumlichen) Kontakt sind (kreatives Milieu). Beim Forschungspark bestehen in der Regel enge Planungsvorschriften hinsichtlich der Bebauung des Geländes und einer Produktionserlaubnis.

Fragmentierende Entwicklung

Ökonomische Entwicklung, die besagt, dass am globalen Wettbewerb (Globalisierung) und seinen Wohlfahrtseffekten nie Länder und deren Bevölkerung als Ganzes, sondern immer nur bestimmte Orte, wie z. B. Global Cities in den Industrieländern oder Exportenklaven in den Ländern der Dritten Welt, und auch dort nur Teile der Bevölkerung, teilhaben. Die Grenze zwischen dem „reichen Norden" und dem „armen Süden" verschwimmt daher zusehends. Denn auch in den Industrieländern bilden sich von der dynamischen Entwicklung der Wirtschaft abgekoppelte und verarmte Bevölkerungsschichten heraus, die von der Wirtschaft, welche aus Konkurrenz- und Renditeerwägungen gezwungen ist, dort Standorte aufzugeben und weltweit nach günstigeren Produktionsbedingungen zu suchen, zurückgelassen werden. Gleichzeitig sind auch in den Entwicklungsländern einzelne Wirtschaftssegmente und -eliten (z. B. Sonderwirtschaftszonen, Standorte der Billiglohn- und Massenproduktion, der Rohstoffförderung sowie des Freizeit- und Tourismusgewerbes) in das globale Netzwerk der Weltökonomie integriert. Dadurch kommt es zu einer Pluralisierung von Entwicklungspfaden und zur Auflösung altbekannter entwicklungsökonomischer Raumentitäten.

Freiwilliger Flächentausch

Form der Kooperation unter Landwirten, bei der einzelne Feldstücke in der Bewirtschaftung getauscht werden, sodass der einzelne Landwirt zum einen größere und besser strukturierte Feldstücke bewirtschaftet, zum anderen diese näher an seinem Hof liegen. Die Pacht- und Eigentumsverhältnisse bleiben davon unberührt, jedoch ist der Abschluss zeitlich befristeter, die Bewirtschaftung regelnder Verträge erforderlich.

Freizeitgeografie

Zweig der Wirtschaftsgeografie, der sich mit den räumlichen Organisationsformen von Unternehmen der Freizeitwirtschaft, dem Freizeitverhalten sozialer Gruppen (Geografie des Freizeitverhaltens) sowie generell der räumlichen Ordnung der Fremdenverkehrswirtschaft beschäftigt. Die Freizeitgeografie ist eine Weiterentwicklung der „klassischen" Fremdenverkehrs- bzw. Tourismusgeografie, die sich nur mit einem Teilaspekt des Freizeitverhaltens, dem Erholungsreiseverkehr (Tourismus), beschäftigt.

Fremdenverkehrsintensität

Messziffer zur Bestimmung der quantitativen Bedeutung des Fremdenverkehrs in einer Gemeinde. Gemessen wird die Zahl der Gästeübernachtungen je 100 Einwohner.

Fremdenverkehrsort

1. *Fremdenverkehrsstatistik:* Gemeinde mit mehr als 3.000 Übernachtungen im Jahr.

2. *Freizeitgeografie:* Gemeinde mit Freizeiteinrichtungen speziell für den längerfristigen Erholungsverkehr, deren Wirtschafts- und Sozialstruktur sowie Ortsbild von den Verhaltensweisen der Freizeit-Nachfrager ent-

scheidend geprägt ist. Als Indikator wird die Fremdenverkehrsintensität, d.h. die Zahl der Übernachtungen je 100 Einwohner, herangezogen, wobei der häufig gewählte Grenzwert von 1.000 nicht als statische und für alle Urlaubsgebiete geltende Größe angesehen werden darf.

Charakteristische Merkmale von Fremdenverkehrsorten sind Saisonalität, Überangebot an zentralen Handels- und Dienstleistungseinrichtungen und Strukturwandel in den Bodeneigentumsverhältnissen.

Zur *Typisierung von Fremdenverkehrsorten* werden neben der Fremdenverkehrsintensität das relative Fassungsvermögen (Zahl der Fremdenbetten pro Einwohner), die Fremdenverkehrsart (z.B. Kur-, Sommerfrischen-, Winter-, Städte-, Ausflugstourismus), die durchschnittliche Aufenthaltsdauer der Gäste und die Ausstattung mit Freizeitinfrastruktur verwandt.

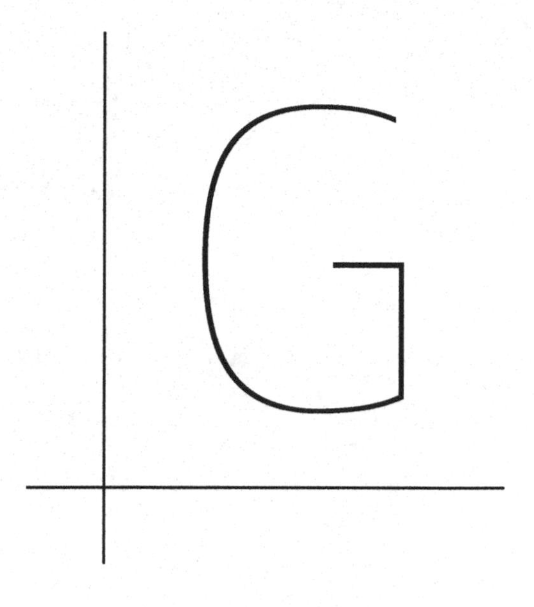

Springer Fachmedien Wiesbaden (Hrsg.), *222 Keywords Wirtschaftsgeografie*,
https://doi.org/10.1007/978-3-658-23652-6_7

Generalisierung

Formale Regel für die Auswahl von realen Elementen bei der Abbildung in einer Wirtschaftskarte. Vereinfachungen, Weglassungen, Hervorhebungen von Einzelheiten und Zusammenfassungen durch Verwendung von Klassifikationen haben den Zweck, die Lesbarkeit des Kartenbildes und Identifizierbarkeit der dort dargestellten Sachverhalte zu verbessern.

Geodeterminismus

Forschungsansatz der Wirtschaftsraumanalyse, der besagt, dass die unterschiedliche Wirtschaftsentwicklung in verschiedenen Teilen der Welt in erster Linie durch die natürliche Ausstattung bestimmt ist. Der Gegensatz ist der *Possibilismus*.

Geografisches Informationssystem (GIS)

Computergestütztes Informationssystem, das aus Software, Hardware, Daten und deren Anwendung besteht. Aufgabe von geografischen Informationssystemen ist die digitale Erfassung räumlicher Daten, deren Redigierung, Speicherung, Reorganisierung, Modellierung, Analyse sowie ihre grafische und alphanumerische Präsentation. Zielsetzung eines geografischen Informationssystems ist es, verschiedenste räumliche Bezugsflächen (von topografischen Elementen über administrative Bezirke bis hin zu speziell definierten Gebietseinheiten der Marktforschung, der postalischen Zustellbereiche, des Arbeitsmarktes etc.) mit räumlich verorteten Daten der unterschiedlichsten Bereiche zu verknüpfen. Dadurch sollen räumliche Struktur- und Verflechtungsanalysen sowie Modellberechnungen durchgeführt und in Form von Listen, Tabellen, Diagrammen und vor allem Karten ausgegeben werden.

Geographical Economics

Jüngere Modellansätze der Volkswirtschaftslehre, welche die Integration von Außenhandelstheorie und Standorttheorie anstreben. Im Mittelpunkt steht die Beschreibung und Erklärung von räumlichen Ballungen und Ungleichheiten. Anders als die relationale Wirtschaftsgeographie vollziehen die Geographical Economics keinen Paradigmenwechsel gegenüber der traditionellen Standorttheorie, sondern stellen eher eine Erweiterung der Raumwirtschaftslehre dar.

Geomarketing

Auf geografischen Informationssystemen (GIS) basierendes Marketinginstrument, das unternehmensinterne Daten (z. B. Kunden- oder Absatzdaten) räumlich verortet und mit unternehmensexternen Marktdaten (z. B. soziodemographische oder sozioökonomische Strukturmerkmale) in Relation setzt, um eine Grundlage für unternehmerische Entscheidungen zu schaffen. Einsatzgebiete des Geomarketing sind unter anderem Standortplanung, Zielgruppenanalyse, mikrogeografische Marktsegmentierung, Service und Vertriebsoptimierung.

Geoökologie

Geowissenschaftlich/geografische Forschungsrichtung, die ein Grenzgebiet der Bioökologie ist. Sie geht von der Vorstellung aus, dass alle an einem Ort auftretenden naturräumlichen Größen in einem funktionalen Zusammenhang zueinander stehen und über das Vorkommen am selben Ort hinaus Gemeinsamkeiten haben. Diesen Zusammenhang versucht die Geoökologie mittels der Vorstellung von Systemen darzustellen.

Geschossflächenzahl (GFZ)

Richtzahl zur Festlegung des zulässigen Maßes der baulichen Nutzung für Teile eines Baugebietes oder einzelne Grundstücke. Sie gibt an, wie viele Quadratmeter Geschossfläche je Quadratmeter Grundstücksfläche zulässig sind.

Gewerbegebiet

Baugebiet einer Gemeinde, in welchem unterschiedliche produzierende und Handel treibende Unternehmen angesiedelt werden können. Es muss sich dabei generell um emissionsärmere Betriebe handeln.

Gewerbehof

Standortkonzept für gewerbliche Kleinbetriebe in Kernstadtgebieten. Danach werden in einem verkehrsgünstig gelegenen, meist mehrgeschossigen Gebäude, das mit allen notwendigen Infrastruktureinrichtungen ausgestattet ist, von einer Trägergesellschaft standardisierte, gewerblich zu nutzende Räumlichkeiten auf Mietbasis vergeben.

Gewerbepark

Zusammenhängendes und in sich geschlossenes Gewerbegebiet, das nach einheitlicher Konzeption durch private Investoren (auch ohne Beteiligung der öffentlichen Hand) erschlossen, bebaut und anschließend an gewerbliche Nutzer verkauft oder vermietet wird (z. B. Einkaufszentren).

Kennzeichen eines Gewerbeparks sind die gemeinsame kostengünstige Nutzung von dort gebotenen Infrastruktureinrichtungen sowie die im Rahmen der kommunalen Wirtschaftsförderung gegebenen Mitwirkungsmöglichkeiten von Kommunen oder Gebietskörperschaften durch Bereitstellung geeigneter Flächen und entsprechende Bebauungsplanung. Mit Frei- und Grünflächen soll ein Gewerbepark attraktiver als traditionelle Gewerbegebiete gestaltet werden.

Global City

1. *Begriff:* Führende Großstadtmetropole und zentraler Standort für hochentwickelte Dienstleistungen vor allem im Finanzbereich sowie Informations- und Kommunikationseinrichtungen, wie sie für die Koordinierung, die Durchführung und das Management globaler Wirtschaftsaktivitäten notwendig sind.

Global Cities üben eine Command-and-Control-Funktion aus und gelten als Standorte für Steuerungszentralen von Großkonzernen. Als Bezugspunkt für global agierendes Kapital, Hochburg für Innovationen und Standort für die Hauptquartiere international operierender Unternehmen (transnationale Unternehmung) beeinflussen sie die ökonomische Entwicklung ganzer Erdregionen. Der Begriff Global City geht in qualitativ-funktionaler Hinsicht über die Begriffe Weltstadt, Metropole und Megastadt hinaus und beschreibt vor allem die Funktion der Kontrolle über Produktion und Märkte innerhalb eines Netzes von Städten und hierarchisch strukturierten Produktionsprozessen.

2. *Merkmale:* Eine Global City zeichnet sich durch folgende Strukturmerkmale aus: Sitz von Hauptquartieren transnationaler Unternehmen, bedeutendes Finanzzentrum, Standort eines schnell wachsenden Sektors unternehmensorientierter Dienstleistungen, Sitz internationaler Organisationen, wichtiger Knotenpunkt von Transport- und Verkehrslinien (bedeutender Flughafen oder Hafen), Zentrum industrieller Produktionsstätten, bedeutende Einwohnerzahl.

Als Global Cities lassen sich z. B. New York, London, Tokio anführen.

Globale Produktionsnetzwerke

Moderner Forschungsansatz der Wirtschaftsgeografie zur dynamischen und raumbezogenen Untersuchung wirtschaftlicher Unternehmenstätigkeiten. Er dient der Erfassung der raumzeitlichen Dynamik unternehmerischer Aktivitäten sowie der Analyse der sich daraus ergebenden wirtschaftlichen Beziehungsgeflechte unter Berücksichtigung ihrer Einbettung in politische und ökonomische Zusammenhänge (Embeddedness). Von Interesse sind ferner Ungleichgewichte der Raummuster von Produktion und Konsum sowie Maßnahmen, Strategien und Regelungen von Staaten und Non-Governmental-Organizations (NGO) zu deren Überwindung. Zentrale Aspekte des Analyserahmens sind die Wertschöpfung (Input-Output-Struktur sowie Verteilung, Sicherung oder Übertragung von Mehrwerten), Machtverteilung und -ausübung im Netzwerk, institutionelle (ausgehend von nationalen Regierungen oder supranationalen Organisationen) und kollektive Machtverhältnisse (ausgehend z. B. von Branchenverbänden oder NGO) sowie die Einbettung in verschiedene institutionelle, kulturelle und soziale Kontexte.

Globale Warenkette

Netzwerk von Beziehungen, das durch bestimmte Transaktionen miteinander verbunden ist. Im Mittelpunkt steht die Funktionsweise des internationalen Handels über die strukturell bedingten Machtverhältnisse zwischen den Akteuren der Warenkette. Neben der Organisation des internationalen Handels ist auch die gesamte Breite der Wertschöpfungstätigkeiten (Wertschöpfung, Wertschöpfungskette) von der primären Produktion bis zum Endkonsum und die Verknüpfungen dazwischen zu analysieren. Diese Verbindung der Produktions- und der Handelskette mit den beteiligten Akteuren ermöglicht einen vollständigen Überblick über die Macht- und Organisationsstruktur in einer globalen Warenkette.

Globale Wertschöpfungskette

Struktur und Organisation globaler Wertschöpfungsprozesse. Während beim Konzept der globalen Warenkette der Fokus sinnvollerweise auf Waren liegt, da diese als „greifbare" Gegenstände in Untersuchungen einfach zu erfassen sind, bietet es sich an, die Gesamtbetrachtung durch Einbezug weiterer Elemente der Wertschöpfung zu ergänzen. Diese Erweiterung des Warenkettenkonzepts findet in globalen Wertschöpfungsketten ihren Niederschlag, welche die Wertschöpfung und nicht mehr die Ware in den Fokus der Betrachtung stellen. Dadurch sind die immer bedeutsamer werdenden Dienstleistungen im Rahmen der voranschreitenden Entwicklung des Dienstleistungssektors besser zu berücksichtigen.

Glokalisierung

Begriffliche Synthese von Globalisierung und Lokalisierung. Sie beschreibt das Verhältnis zwischen der globalen Ausrichtung von Unternehmen (Beschaffung, Absatz) und der regional begrenzten Verortung der industriellen Produktion innerhalb der Triade. Die Glokalisierung verdeutlicht sich in Form von lokalen Produktionskomplexen als Knotenpunkte in globalen Netzwerken und lokal angepassten Produktionsstrategien transnationaler Unternehmungen.

Grunddaseinsfunktionen

Konzeption in der Sozialgeografie und Wirtschaftsgeografie. Die bekanntesten Grunddaseinsfunktionen sind: wohnen, arbeiten, sich versorgen, sich erholen, sich bilden, am Verkehr teilnehmen, in Gemeinschaft leben. Die Grunddaseinsfunktionen sollen für soziale Gruppen konstitutiv sein, sodass deren Verhalten sich direkt aus dem Verfolgen der einen oder anderen Funktion ableiten lässt.

Grundflächenzahl (GRZ)

Richtzahl zur Festlegung des zulässigen Maßes der baulichen Nutzung für Teile eines Baugebietes oder für einzelne Grundstücke. Sie gibt an, wie viel Quadratmeter Grundfläche je Quadratmeter Grundstücksfläche zulässig sind, d. h. überbaut werden dürfen.

Grüne Revolution

Ursprünglich aus der US-amerikanischen Entwicklungszusammenarbeit der 1960er-Jahre stammendes Schlagwort, das in der Kombination biologisch-technischer Maßnahmen (hochertragreiches Saatgut, Kunstdüngereinsatz, Pflanzenschutz, Bewässerung, moderne Landbearbeitungsmethoden) den Weg zu Produktivitätssteigerungen in der Landwirtschaft (vor allem bei Weizen, Mais, Reis und Hirse) und damit die Lösung des Hungerproblems in tropischen Entwicklungsländern sah, das vor allem aus dem dramatischen Bevölkerungsdruck bei gleich bleibender Produktionstechnik resultiert.

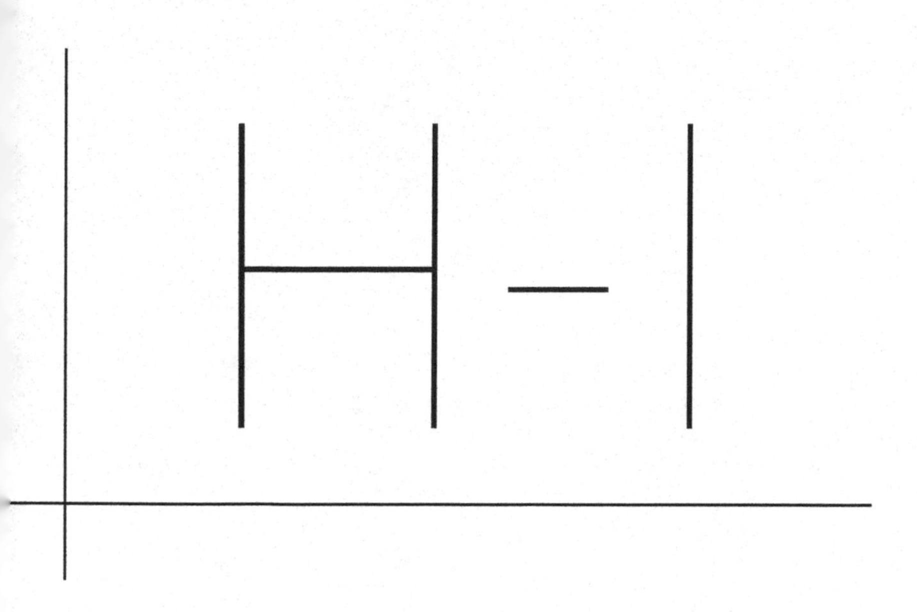

Springer Fachmedien Wiesbaden (Hrsg.), *222 Keywords Wirtschaftsgeografie*,
https://doi.org/10.1007/978-3-658-23652-6_8

Handelsgeografie

Teilbereich der Wirtschaftsgeografie, der sich mit den räumlichen Grundlagen und Auswirkungen des Handels (Außenhandel, Binnenhandel, Binnengroßhandel) und seiner regional differenzierten Betriebsformen beschäftigt. Im Zusammenspiel mit der Verkehrsgeografie ist die Untersuchung raumwirksamer Faktoren Funktion des Handels als zeitlicher, sachlicher und örtlicher Überbrücker zwischen Hersteller und Konsument und deren Standorten eine besonders bedeutende Aufgabe. Während die frühere Handelsgeografie in erster Linie die Angebotsseite untersuchte, befasst sich die moderne Handelsgeografie auch mit der Nachfrageseite, d. h. dem räumlich differierenden gruppen- und bevölkerungsspezifischen Versorgungsverhalten.

Hierarchieeffekt

In der Innovations- und Diffusionsforschung Form der Diffusion, die nicht auf der räumlichen Nachbarschaft beruht, sondern sich entlang hierarchischer Strukturen, wie z. B. der zentralörtlichen Hierarchie oder einer Hierarchie verschiedener Institutionen, vollzieht.

Homogene Fläche

Eine in den Standorttheorien (Thünen-Modell) verwendete Abstraktion, die den Raum als überall gleichartig betrachtet. Dies gilt sowohl für natürliche Gegebenheiten (gleiche Bodenqualität, Flachland, keine Flüsse) als auch für wirtschaftliche Faktoren (gleiche Nachfrage, gleiche Arbeitskosten, gleiche Verkehrserschließung etc.). Mit dieser Abstraktion lassen sich die Transportkosten und ihre Wirkungen isoliert betrachten.

Industrialisierungsgrad

Ausmaß der in einem Raum erreichten Industrialisierung. Der Industriealisierungsgrad kann mit gewissen Einschränkungen über den Industriebesatz oder die Industriedichte dargestellt werden. Zur Messung des Industrialisierungsgrades in Entwicklungsländern empfiehlt sich die Formel

$$IG = (PKE \cdot IB) : 100$$

wobei *IG* den Industrialisierungsgrad, *PKE* das Pro-Kopf-Einkommen und *IB* den Industriebesatz bezeichnen.

Industrieachse

Aufreihung von Industrieunternehmungen entlang verkehrssammelnder Landschaftsgrenzen (z. B. Mittelgebirgsrand) oder an Hauptverkehrswegen. Insbesondere bilden sich Industrieachsen entlang der Ausfallstraßen städtischer Siedlungen.

Industriebesatz

Kennziffer in der Regionalanalyse zur Messung des Industrialisierungsgrades, welche die Zahl der Industriebeschäftigten auf die Einwohner der Region bezieht (Industriebeschäftigte je 1.000 Einwohner).

Industriedichte

Kennziffer in der Regionalanalyse zur Messung des Industrialisierungsgrades, welche die Zahl der Industriebeschäftigten auf die Fläche der Region bezieht (Industriebeschäftigte je km^2).

Industriedistrikt

1. *Begriff:* von A. Marshall Anfang des 20. Jahrhundert geprägter Begriff für einen räumlich verorteten Produktionsverbund kleiner und mittlerer Unternehmen einer Branche, die auf ein spezielles Produkt, eine bestimmte Produktpalette oder die Herstellung spezifischer Komponenten innerhalb des Produktionsverbundes spezialisiert sind.

2. *Merkmale:* Ausschlaggebend für das erfolgreiche Funktionieren eines Industriedistrikts sind eine flexible Spezialisierung und Kooperation der Unternehmen, räumliche Nähe, Vertrauen und soziokulturelle Verbundenheit (Embeddedness), ein funktionierender Wettbewerb zwischen den Unternehmen sowie ein dichtes Netz sozio-institutioneller Beziehungen und Strukturen (Institutional Thickness).

3. *Beispiele:* Als Beispiele für das klassische Industriedistrikt nach Marshall werden unter anderem immer wieder Hightech-Regionen wie das

kalifornische Silicon Valley (Informationstechnik, Mess- und Kontrollinstrumente, Software und Halbleitertechnologie) in seiner frühen Entwicklung oder eher handwerklich orientierte lokale Produktionssysteme wie das Dritte Italien (unter anderem Schuhe, Keramik, Holzmöbel), in Deutschland die Region Albstadt in Baden-Württemberg (Wirk- und Strickwaren) oder die Uhrenproduktion im Schweizer Kanton Jura angeführt.

4. *Abwandlungen:* Neben dem Industriedistrikt nach Marshall lassen sich weitere Formen unterscheiden: Beim *Hub-and-Spoke-Distrikt* ist ein großes, vertikal integriertes Schlüsselunternehmen, das für die regionale Wirtschaft eine Naben- bzw. Ankerfunktion ausübt, umgeben von einer Vielzahl kleiner Unternehmen (z. B. Zulieferer, Dienstleister), die wie die Speichen eines Rades um die Nabe angeordnet sind. Es existieren sowohl regionale als auch überregionale Beziehungen. Als Beispiele lassen sich Toyota City in Japan und Boeing City in Seattle/USA (Automobil- bzw. Flugzeugbau) anführen. Eine daraus abgeleitete Sonderform ist das *State-anchored-Distrikt,* bei dem der Anker in Form einer öffentlichen oder staatlichen Einrichtung, z. B. einer Militärbasis, eines Behördenkomplexes oder einer Universität, auftritt. Beispiele sind Colorado Springs (Hauptquartier des militärischen Weltraumkommandos der USA, Luftwaffenakademie, zahlreiche Universitätsinstitute) sowie Boulder (University of Colorado, Elektroindustrie), beide im US-Bundesstaat Colorado gelegen. Solche Konstellationen induzieren regionales Wachstum durch die Entstehung von Zulieferbeziehungen, regionale Verflechtungen wie beim Marshallschen Industriedistrikt treten jedoch kaum auf. Beim *Satelliten-Plattform-Distrikt* handelt es sich um eine meist außerhalb von Ballungsräumen befindliche Standortgemeinschaft von Zweigbetrieben (verlängerte Werkbänke) regionsexterner, multinationaler Unternehmungen, die durch geringe regionale Verflechtungen gekennzeichnet ist. Ein Beispiel ist das Research Triangle in North Carolina (Elektronik, Telekommunikation, Life Science). Oft ist ein derartiger Industriedistrikt auch das Resultat staatlicher Förderinitiativen zur Belebung des Wirtschaftswachstums in peripheren Regionen.

Industriegasse

Bandartige Verdichtung von Industriestandorten entlang eines Tales. Täler sind Verkehrsleitlinien (Bahn, Straße, Wasser), entlang derer sich die Industrie bevorzugt ansiedelt. Die Nutzung der Wasserkraft hat dort schon früh gewerbliche Ansätze bewirkt. Durch die starke Verdichtung von Industrie und Bevölkerung in Industriegassen kann es zu erheblichen Umweltbeeinträchtigungen kommen, denen die Raumordnung durch gezielte Entlastungsmaßnahmen entgegenzuwirken versucht. Ein Beispiel für Industriegassen ist das untere und mittlere Filstal im Verdichtungsraum Stuttgart.

Industriegebiet

1. *Industrielandschaft:* Stark industrialisierter Raum. Ein Beispiel ist das rheinisch-westfälische Industriegebiet.

2. *Standortraum der Industrie:* Durch die Flächennutzungsplanung in einer Gemeinde festgelegt. Hierbei handelt es sich aber – entgegen dem üblichen Sprachgebrauch – häufig um ein Gewerbegebiet, in dem sowohl Betriebe des Handwerks, des Baugewerbes und des flächenbeanspruchenden Handels als auch umweltfreundliche Industriebetriebe angesiedelt sind.

Industriegeografie

1. *Begriff:* Zweig der Wirtschaftsgeografie, der die räumliche Ordnung industrieller Aktivitäten beschreibt und erklärt. Unter Industrie wird das verarbeitende, mit der stofflichen Umwandlung befasste Gewerbe (Manufacturing Industry) verstanden, wobei Handwerk und Kleingewerbe in der Regel nicht dazu gerechnet werden.

2. *Ziele:*

(1) Beschreibung der räumlichen Konzentrationen/Dispersionen von Industriestandorten, der räumlichen Industriekomplexbildungen und Verflechtungen sowie der raum-zeitlichen Entwicklung von Standortstrukturmustern;

(2) Analyse der industriellen Standortfaktoren (vor allem der Transportkosten für Beschaffung und Absatz, der Arbeitskosten und der Agglomerationseffekte), Formulierung und empirische Prüfung von Industriestandorttheorien auf der Basis räumlich variierender Kosten und/oder Erträge;

(3) Analyse des Zusammenhangs von der Organisation des Industrieunternehmens und der Standortlagerung bzw. Standortstrategie, vor allem bei Mehrbetriebs- und Mehrproduktunternehmen sowie multinationalen Unternehmen;

(4) Analyse von räumlichen Produktionskomplexen aufgrund zwischenbetrieblicher Material-, Dienstleistungs- und Informationsverflechtungen;

(5) Analyse des unternehmerischen Verhaltens bezüglich Investitionsentscheidungen (Standortanpassung), Mobilitätsentscheidungen (Standortspaltung, -verlagerung) und Stilllegungs- und Ansiedlungsentscheidungen in Abhängigkeit von Erfahrungen, Informationen und Handlungszielen des Unternehmers (Standortwahl);

(6) Zusammenhang von technologischen Entwicklungen, Diffusion von Innovationen und räumlicher Entwicklung der Industrie (Produktzyklus-Theorie);

(7) Analyse der staatlichen Einflüsse auf die Lokalisation der Industrie, vor allem der Rolle der Struktur- und Regionalpolitik für die Industrieansiedlungspolitik;

(8) Analyse der Auswirkungen der Industrie auf die sozialen, politischen, ökonomischen und ökologischen Raumstrukturen sowie der Rolle der Industriestruktur im regionalwirtschaftlichen Wachstum (Wachstumspoltheorie).

Industrielandschaft

Eine wirtschaftsräumliche Einheit, die von der Industrie geprägt ist und in der diese eindeutig dominiert. Industrielandschaften entfalten sich z. B. auf der Grundlage von Bodenschätzen und einer hervorragenden Verkehrslage. Sie sind strukturell und nach ihren äußeren Erscheinungsformen Wirtschaftslandschaften eigenständigen Gepräges. Sie werden nicht nur von den Industrieanlagen selbst und ihren Begleiterscheinungen (z. B. Luftverschmutzung), die ein besonderes Milieu schaffen, beherrscht, sondern durch Verkehrsanlagen, Arbeiterwohnquartiere und charakteristisches Geschäftsleben ergänzt. Bekannte Industrielanschaften sind z. B. das Ruhrgebiet und der Raum Pittsburgh in den USA.

Industriepark

Zusammenhängendes, in sich geschlossenes Areal zur Ansiedlung von Industriebetrieben. Der Industriepark weist eine umfangreiche Infrastruktur (Straßen, Ver- und Entsorgungseinrichtungen, unter Umständen Gleisanschluss, Feuerwehrdepot, Poststelle, Kantine, Wachdienst, Kindergarten etc.) auf. Der Industriepark wird von einer staatlichen oder privaten Trägergesellschaft verwaltet. In verschiedenen Ländern ist der Industriepark als Instrument der Standortlenkung eingesetzt worden.

Industrieregion

1. *Stark industriell geprägte räumliche Einheit;* abgegrenzt auf der Basis von größeren Verwaltungsräumen (z. B. Landkreisen). Die Industrieregion hat sowohl eine auf die Industrie ausgerichtete Erwerbsstruktur als auch ein größtenteils in der Industrie erwirtschaftetes Sozialprodukt.

2. *Industrieraum,* der aus einem mehr oder weniger zusammenhängenden, teilweise auch grenzüberschreitenden Industriegebiet besteht. Als Beispiel kann die nordwesteuropäische Industrieregion genannt werden, die aus dem rheinisch-westfälischen Industriegebiet und den grenzüberschreitenden industrieräumlichen Einheiten Belgiens und der Niederlande besteht.

Industrierevier

Stark industrialisierter Raum auf der Basis der Montanindustrie. Beispiele für Industriereviere sind das Ruhrgebiet oder das oberschlesische Industrierevier.

Industriestandort

Ort der industriellen Güterproduktion, wobei es sich um eine oder mehrere (selbstständige) industrielle Fertigungsstätten handeln kann. Theoretisch lässt sich jeder Industriestandort rational durch Abwägen der am jeweiligen Standort wirksamen Standortfaktoren bestimmen. Die wissenschaftlichen Grundlagen für die Festlegung des Industriestandorts liefern Industriestandortlehre und Industriestandorttheorie.

Industriestandorttheorie

Theorie zur Bestimmung des optimalen Standortes für ein einzelnes Industrieunternehmen. Die bekannteste Industriestandorttheorie stammt von A. Weber (1909). Die optimale Standortwahl läuft darin in einem dreistufigen Entscheidungsprozess ab. Zunächst wird auf Grundlage der für die Produktion verwendeten Materialien (lokalisierte Materialien, deren Gewinnung an bestimmte Fundorte geknüpft ist; Ubiquitäten, die überall verfügbar sind) ein transportkostenminimaler Standort (tonnenkilometrischer Minimalpunkt) identifiziert. Dabei wird angenommen, dass Fund- und Konsumorte die Eckpunkte geometrischer Standortfiguren (Standortdreieck, Standortpolygon) darstellen. Die Bestimmung des Transportkostenminimalpunktes kann geometrisch (mittels Kräfteparallelogramms) oder mechanisch (mittels des sogenannten Varignoschen Apparates) erfolgen. Im nächsten Schritt werden die Arbeitskosten und im letzten Schritt Agglomerationseffekte in die Analyse miteinbezogen, die gegebenenfalls eine Verlagerung des optimalen Standortes bis hin zur kritischen Isodapane opportun erscheinen lassen, wenn Arbeitskostenersparnisse und positive Agglomerationseffekte eine Erhöhung der Transportkosten durch Entfernung vom Transportkostenminimalpunkt überkompensieren. Die Transportkosten sind die zentrale Determinante der Standortbildung, Arbeitskosten und Agglomerationseffekten kommt dagegen ein eher nach geordneter Korrekturcharakter zu.

Industriewüstung

Nicht mehr in Funktion befindliche, verlassene Industrieansiedlung. Industriewüstungen entstehen durch Erschöpfung der Rohstoffe, das

Aufkommen neuer Techniken und wirtschaftliche Funktions- und Strukturwandlungen. Sie gibt es vor allem in Gebieten mit früherer Edelmetallgewinnung oder ehemaligem Bergbau (z. B. Goldgräbersiedlungen).

Innovations- und Diffusionsforschung

Teilgebiet der Regionalanalyse, der sich mit dem raum-zeitlichen Wandel von sozioökonomischen, räumlichen Systemen aufgrund von Innovationen und Diffusionen befasst. Dabei bedient sich die Innovations- und Diffusionsforschung weitgehend behaviouristischer Vorstellungen über das Handeln von Menschen (Satisfizer).

Innovationsdichte

Messziffer zur Messung regional unterschiedlicher technischer Innovationen je 10.000 oder 100.000 Einwohner einer Gebietseinheit. Gezählt werden entweder Patente oder Meldungen in Fachzeitschriften.

Internationale Arbeitsteilung

1. *Begriff:* Bezeichnung für die weltweite Struktur des Einsatzes der Produktionsfaktoren und die Spezialisierung einzelner Länder auf die Produktion verschiedener Güter. Internationale Arbeitsteilung stellt sich mit der Aufnahme des Außenhandels bzw. der Beseitigung von tarifären und nicht-tarifären Handelshemmnissen ein. Eine *Verzerrung* der internationalen Arbeitsteilung durch Handelshemmnisse beeinträchtigt die Handelsgewinne.

2. *Wirkungen:* Internationale Arbeitsteilung impliziert eine Verflechtung der Volkswirtschaften untereinander, die unter anderem auch eine Übertragung von Konjunktur- und Preisniveauimpulsen positiver wie negativer Art mit sich bringen kann (internationaler Konjunkturverbund, Inflation). Ziel internationaler Abkommen im Bereich der Handels- und Währungspolitik (GATT bzw. World Trade Organization (WTO), IWF) ist es deshalb, solche negativen Wirkungen auszuschalten und eine volle Nutzung der Handelsgewinne zu erreichen.

3. *Bedeutung:*

a) Für *Industrieländer* gilt der weitgehend unumstrittene Grundsatz, dass eine ungestörte internationale Arbeitsteilung allen Beteiligten Vorteile bringt; gleichwohl wird auch hier verschiedentlich staatlicher Einfluss auf die Entwicklung der internationalen Arbeitsteilung befürwortet (Protektionismus).

b) Für *Entwicklungsländer* wird die Vorteilhaftigkeit stärker infrage gestellt und oft für diese Länder mit verschiedenen Begründungen eine mehr oder weniger stark interventionistische Außenwirtschaftspolitik bis hin zur Abkoppelung vom Weltmarkt empfohlen (Dependencia-Theorien).

Internationalisierung

Geographische Ausdehnung ökonomischer Aktivitäten über nationale Grenzen hinaus. Internationalisierung ist als Vorstufe bzw. Interimszustand zur Globalisierung zu verstehen.

Intra-Blockhandel

Außenhandel zwischen den Mitgliedsstaaten einer regionalen Integration (intraregionaler Handel). Beispielsweise entfallen allein auf den Außenhandel zwischen den Staaten der EU (Intra-EU-Handel) fast 38% des gesamten Welthandelsvolumens (2010).

Intra-Unternehmenshandel

Handelsströme, die zwischen den verschiedenen, weltweit verteilten Standorten bzw. Wertschöpfungseinheiten multinationaler Unternehmungen stattfinden. Auf den Intra-Unternehmenshandel entfällt schätzungsweise ein Drittel des Welthandels.

Invention

Ein tatsächlich neuer Gegenstand oder eine tatsächlich neue Idee. Sie unterliegt den gleichen Prozessen der Adoption und Diffusion wie die Innovation.

Isodapane

Begriff aus der Industriestandorttheorie von A. Weber für eine Linie bzw. die geometrische Verortung gleich hoher Transportkosten. Die Isodapane berechnet sich als die Summe der Transportkosten, die zur Beschaffung der eingesetzten Güter und zum Absatz der Fertigerzeugnisse erforderlich sind. Der tonnenkilometrische Minimalpunkt stellt den tiefsten Punkt auf der durch die Isodapane gebildeten Kostenoberfläche dar.

Isolinie

Isoplethe; Linie auf einer Karte, die Punkte mit gleichen Merkmalswerten verbindet. Isolinien ermöglichen die zweidimensionale Abbildung eines dreidimensionalen Sachverhaltes (x-, y-Koordinaten des räumlichen Standortes plus z-Koordinate der sachlichen Eigenschaft). Mittels Isolinien lassen sich das Relief, aber auch räumliche Kostenoberflächen (Isodapane), Interaktionspotenziale und Ähnliches darstellen.

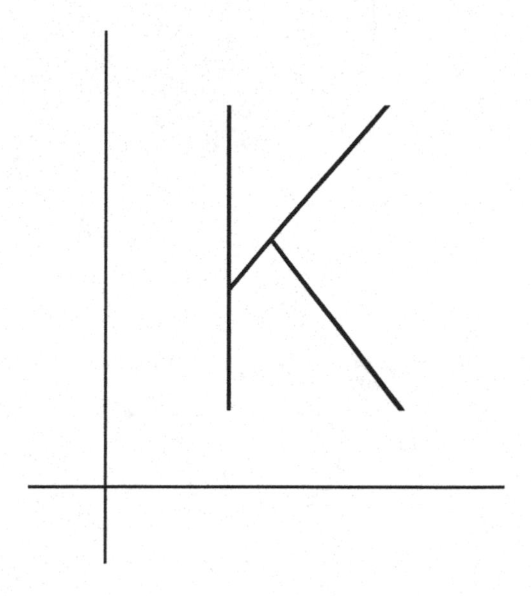

Springer Fachmedien Wiesbaden (Hrsg.), *222 Keywords Wirtschaftsgeografie*,
https://doi.org/10.1007/978-3-658-23652-6_9

Kampf der Kulturen

Umstrittener, auf den US-amerikanischen Politologen S. Huntigton (1993) zurückgehender Begriff. Dieser vertritt die These, dass sich durch zunehmenden Fundamentalismus die Konflikte zwischen den Gesellschaften einzelner, religiös geprägter Kulturräume (Kulturerdteil, Kultur) verschärfen. Nach Beendigung des Kalten Krieges geraten nichtwestliche Gesellschaftssysteme durch die allgemein beobachtbaren Tendenzen der Globalisierung in tiefe kulturelle Krisen, während Entwicklungsmodelle, Werte und Normen der westlichen Welt an Bedeutung gewinnen. Es lassen sich drei Möglichkeiten unterscheiden, mit denen nichtwestliche Gesellschaften auf die kulturelle, wirtschaftliche und politische Hegemonie des Westens reagieren können:

(1) Rückbesinnung auf regional-lokale Identitäten, die in Fundamentalismus übergehen können;

(2) Versuch der Anpassung an die westliche Kultur;

(3) Modernisierung ohne Verwestlichung, indem in Koalition mit anderen, nichtwestlichen Gesellschaften wirtschaftliches, politisches und militärisches Wachstum erzielt werden soll.

Kartogramm

Form der thematischen Karte, bei der absolute oder relative Mengen oder Verhältniswerte für administrative Gebiete durch statistische Diagramme in topographischen oder topologischen Karten dargestellt werden.

Kastenwesen

Religiös begründete, streng hierarchische Aufteilung einer Gesellschaft in genau voneinander abgegrenzte Schichten (Kasten), die sich durch gemeinsame Sitten und Lebensformen auszeichnen. Obwohl Diskriminierungen aufgrund der Zugehörigkeit zu einer Kaste mittlerweile unter Strafe gestellt sind, ist das Kastenwesen des Hinduismus für die Sozialstruktur Indiens, wo die über 3.000 Kasten zu vier großen Blöcken zusammengefasst werden, nach wie vor von weitreichender Bedeutung.

Kolchose

Russische Bezeichnung für sozialistische Kollektivwirtschaft im Sinne eines landwirtschaftlichen Großbetriebs, der durch Kollektivierung ehemals bäuerlicher Privatbetriebe in der Sowjetunion und den anderen Staaten des „Ostblocks" entstanden ist. Eine Kolchose konnte die landwirtschaftliche Nutzfläche und die Betriebseinrichtungen eines oder mehrerer Dörfer umfassen, deren Bewirtschaftung in genossenschaftlicher Form auf Großblockfluren bzw. in großräumig betriebener Viehzucht erfolgte. Die Kolchose-Bauern durften Gartenland und wenige Stücke Vieh privat nutzen. In der DDR war Landwirtschaftliche Produktionsgenossenschaft (LPG) die Bezeichnung für Kolchose. Nach dem Ende des sozialistischen Systems in Ostmittel- und Osteuropa wurden die Kolchosen zum Teil reprivatisiert, zum Teil in andere Rechtsformen überführt.

Kollektivierung

Überführung von Privat- in Gemeinschaftseigentum, insbesondere bezüglich landwirtschaftlicher und gewerblicher bzw. industrieller Produktionsmittel. Vor allem die weitgehende Überführung der Landwirtschaft, aber auch von Industrie und Handwerk in den meisten ehemals kommunistischen Staaten von einzelbewirtschaftetem Privateigentum in landwirtschaftliche Produktionsgenossenschaften (Kolchose) bzw. Gemeinschaftseigentum wird als Kolllektivierung bezeichnet.

Kolonialismus

1. *Begriff:* Politik der Inbesitznahme und Ausbeutung fremder, meist überseeischer Gebiete vor allem durch europäische Länder zwischen dem 16. und 20. Jahrhundert Kolonialismus ist durch die territoriale Machtausweitung eines Staates mittels langfristig angelegter militärischer, politischer und/oder wirtschaftlicher Kontrolle über die unterworfene Kolonie gekennzeichnet.

2. *Typen von Kolonien:*

a) *Siedlungskolonien:* Durch Emigranten der Kolonialmächte vor allem in agrarischen Gunsträumen gegründete Kolonien, geprägt durch Großgrundbesitz und Plantagenwirtschaft (Plantage);

b) *Wirtschaftskolonien:* Zur Sicherung der Rohstoffversorgung (Rohstoffe) der Mutterländer gegründete Kolonien ohne ausgeprägte Zuwanderung;

c) *Militärkolonien:* Aus geopolitischen Erwägungen, ursprünglich vor allem zur Sicherung wichtiger Seewege gegründete Kolonien;

d) *Strafkolonien:* Als Aufenthalts- bzw. Verbannungsort für Sträflinge des Mutterlandes gegründete Kolonien.

3. *Bedeutung:* Die Zeit nach dem Zweiten Weltkrieg wird als Phase der Entkolonialisierung und der antikolonialen Befreiungskämpfe vor allem in Asien und Afrika bezeichnet. Der Erfolg dieser Bewegung kommt im sogenannten Nationbuilding und der Zunahme unabhängiger Staaten zum Ausdruck. In vielen Entwicklungsländern sind die zurückgebliebenen Wirtschaftsstrukturen des Kolonialismus schwer zu überwindende Entwicklungshemmnisse, die willkürliche Grenzziehung durch die ehemaligen Kolonialmächte stellt häufig die Ursache für regionale Konflikte und Kriege dar.

Konventioneller Landbau

Stellt das Gegenstück zum alternativen Landbau dar und gilt als „moderne" Art des Landbaus, die sich durch Großflächenwirtschaft in Monokulturen, dichte Fruchtfolgen, Einsatz großer Mengen von Agrochemikalien sowie chemischen Mitteln der Schädlingsbekämpfung auszeichnet. Vom konventionellen Landbau gehen beträchtliche Belastungen für die Umwelt aus, die sich in Landschaftsverbrauch, Belastung des Grundwassers mit Nitraten und Bodenerosion sowie anderen Änderungen und Schäden in den Agroökosystemen ausdrücken.

Kreatives Milieu

1. *Begriff:* Das Konzept des kreativen Milieus betont die besondere Bedeutung einer regionalen Netzwerkarchitektur für die Regionalentwicklung und bündelt wichtige Fragen zur Dynamik regionaler Wirtschaftsräume. Es beschreibt einen raumgebundenen Komplex, der mit seinem Technologie- und Marktumfeld nach außen geöffnet ist und Know-how, Regeln, Normen und Werte sowie ein „Kapital" an sozialen Beziehungen nach innen integriert und beherrscht.

Geprägt wurde der Begriff des kreativen Milieus durch die sogenannte GREMI-Gruppe („Groupe de Recherche Européen sur les Milieux Innovateurs"). Seit 1984 forscht diese Gruppe vor allem franz. Soziologen und Regionalwissenschaftler nach den Ursachen für die Unterschiede in der Innovationsfähigkeit und -tätigkeit verschiedener Regionen. Die Gesamtheit der Beziehungen in einem Milieu soll, eingebunden in das soziokulturelle Umfeld (Embeddedness), zu einem kollektiven Lernprozess führen. Als Voraussetzung für die Realisierung gilt neben der räumlichen Nähe auch das Vorhandensein von gemeinsamen Wertvorstellungen und Vertrauen.

2. *Ebenen:*

a) *Mikroebene:* Auf dieser Ebene stellt das Milieu ein unsicherheitsreduzierendes Kollektiv dar, das die wechselseitige bzw. funktionale Abhängigkeit von Unternehmen organisiert und informelle Funktionen (Suche, Übertragung, Auswahl, Entschlüsselung, Umgestaltung und Kontrolle von Informationen) bekleidet. Damit wird ein unmittelbarer Einfluss auf die Höhe der Transaktionskosten ausgeübt.

b) *Kognitive Ebene:* Hier stellt sich das Milieu als zusammenhängender Wahrnehmungsraum dar, der gemeinsame Verhaltensnormen, Organisationsformen und Know-how beinhaltet.

c) *Organisatorische Ebene:* Hier ist das Milieu als Vernetzung von Handeln und Lernen, welches sich durch rege Austauschbeziehungen nach innen wie außen charakterisiert, zu begreifen.

Kulturelle Distanz

In derRegel länder- bzw. regionalspezifische Unterschiede in Rassenzugehörigkeit, Konfession, Sprache und sozialen Normen, welche Entscheidungen und Interaktionen von Akteuren beeinflussen. Bei der Erschließung und Bearbeitung fremder Märkte schaffen kulturelle Elemente vor allem dadurch Distanz, dass sie über Präferenzen für bestimmte Produktmerkmale die Wahlentscheidung kulturfremder Konsumenten zwischen substitutiven Gütern beeinflussen.

Kulturerdteil

Von Albert Kolb Anfang der 1960er-Jahre konzipierter und von Jürgen Newig Anfang der 1980er-Jahre weiterentwickelter Begriff für einen Großraum der Erde subkontinentalen Ausmaßes, der nicht nach physisch-geografischen Kriterien abgegrenzt wird, sondern sich aus der Zusammenfassung von Räumen ähnlich-vergleichbarer kulturlandschaftlicher Entwicklung ergibt. Der Kulturerdteil bildet damit eine quasi-räumliche Einheit, basierend auf dem individuellen Ursprung der Kultur, der besondere einmaligen Verbindung der landschaftsgestaltenden Natur- und Kulturelemente, der eigenständigen, geistigen und gesellschaftlichen Ordnung und dem Zusammenhang des historischen Ablaufs. Grob lassen sich zehn Kulturerdteile identifizieren: Nordamerika (Anglo-Amerika), Lateinamerika (Ibero-Amerika), Europa, Orient, Subsahara-Afrika, Russland bzw. ehemalige Sowjetunion, Ostasien mit Zentralasien, Südasien, Südostasien, Australien mit Ozeanien.

Kulturschock

Menschlicher Verhaltenszustand, der auf der plötzlichen Konfrontation mit fremden, kulturbestimmten Umweltverhältnissen beruht und zunächst eine schockartige Verwirrung auslöst, die vor allem bei weniger auslandsorientierten Menschen in die emotionale Ablehnung einer fremden Kultur mündet.

Kulturstufentheorie

Nach H. Bobek (1959) werden sechs gesellschaftlich-wirtschaftliche Entwicklungsstufen der Menschheit unterschieden:

(1) Wildbeuterstufe,

(2) spezialisierte Sammler, Jäger und Fischer,

(3) Sippenbauerntum und Hirtennomadismus,

(4) hierarchisch organisierte Agrargesellschaft,

(5) älteres Städtewesen und Rentenkapitalismus,

(6) produktiver Kapitalismus, industrielle Gesellschaft und jüngeres Städtewesen (Modernisierungstheorien).

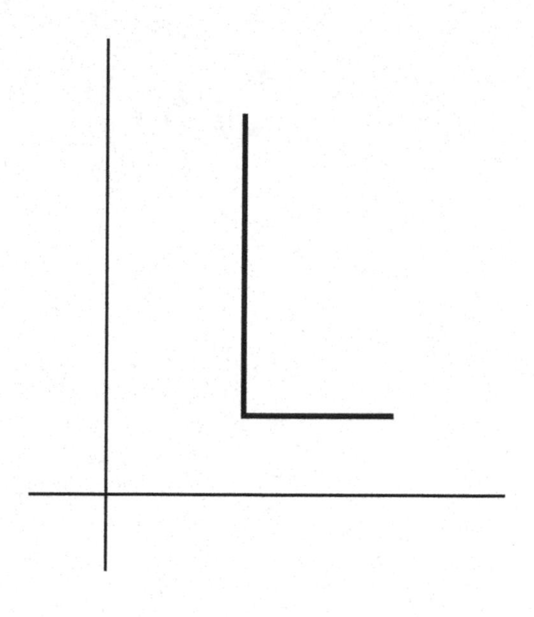

Springer Fachmedien Wiesbaden (Hrsg.), *222 Keywords Wirtschaftsgeografie*,
https://doi.org/10.1007/978-3-658-23652-6_10

Lagerente

Zentraler Begriff des Thünen-Modells (Thünenschen Ringe); Form der Differenzialrente, die auf einem Ertragsvorteil von marktnäheren Böden bzw. Standorten im Verhältnis zu marktferneren beruht. Bei räumlich als homogen angenommenen Produktionskosten resultiert die Lagerente aus den unterschiedlichen Transportkosten zum Markt.

Landwirtschaftliche Betriebssysteme

Landwirtschaftliche Betriebsformen; Begriff der Agrargeografie zur Klassifikation von Agrarbetrieben. Die Art und Anzahl der zugrunde gelegten Merkmale sind unterschiedlich:

(1) Nach Diversifizierung des betrieblichen Produktionsprogramms (z. B. Kombination von Ackerbau und Viehhaltung) unter besonderer Berücksichtigung des Bodennutzungssystems und der Vermarktungsform: Marktfrucht-, Futterbau-, Veredelungs-, Dauerkultur- und Gemischtbetriebe.

(2) Als weitere Klassifikationsmerkmale werden die Betriebsvielfalt und Faktorenkombination herangezogen.

(3) Nach der weltweiten Grobsystematik von Andreae (1983): Sammelwirtschaften; Graslandsysteme (Nomadismus, Ranchwirtschaften, intensive Grünlandwirtschaften); Ackerbausysteme (Wanderfeldbau, Feldgraswirtschaften, Körnerbauwirtschaften, Hackfruchtbauwirtschaften); Dauerkultursysteme (Pflanzungen, Plantagen).

Local Content

Regionaler Wertschöpfungsanteil der Produkterstellung, der sich durch Erbringung lokaler bzw. nationaler Zulieferteile bzw. am Montagestandort erbrachter Arbeitsleistung aufaddiert. Vorschriften zur Erwirtschaftung von Local Contents richten sich im Rahmen der internationalen Marktbearbeitung von Freihandelszonen an Unternehmen aus Drittstaaten und sollen diese zur Befolgung der nationalen Wirtschaftspolitik anleiten. Sie stellen handelsbezogene Investitionsauflagen dar und verstoßen teilweise gegen geltendes Welthandelsrecht (World Trade Organization (WTO)).

Lokalisationsvorteile

Localization Economics; Teil der externen Ersparnisse (Agglomerationseffekte), der sich aus der räumlichen Nähe (Konzentration) von Betriebsstandorten derselben Branche aufgrund der gemeinsamen Nutzung spezifischer regionaler Arbeits-, Beschaffungs- (z.B. industrielle Zulieferer, Bezug besonderer Dienstleistungen) und Informationsmärkte (z.B. Forschungseinrichtungen) sowie der Nutzung des Herkunftsimages im Absatz ergibt.

Lokalisierung

Lokalisierung und Globalisierung sind einander gegenüberstehende, ergänzende und teilweise bedingende Prozesse. Lokalisierung bedeutet die lokale oder regionale Integration und Konzentration der Produktion parallel zu einer weltweiten Vernetzung der Wirtschaft. Die Lokalisierung wirkt den Nachteilen einer internationalen Arbeitsteilung in ökologischer, ökonomischer und sozialer Hinsicht entgegen, indem neben der transnationalen Ausrichtung von Unternehmen gleichzeitig eine starke Rückbesinnung auf regionale Märkte und deren Vernetzung mit internationalen Märkten stattfindet. Hierbei wird auch von Glokalisierung gesprochen. Dabei werden Initiativen mit dem Ziel ergriffen, Wirtschaft, Kultur und Politik in der Region zu reorganisieren. Damit ist die Lokalisierung eine der Voraussetzungen für soziale, ökologische und ökonomische Nachhaltigkeit. Begriffe wie kreative Milieus, lernende Region und regionale Innovationssysteme versuchen, der lokalen und regionalen Bedeutung wirtschaftlichen Handelns gerecht zu werden.

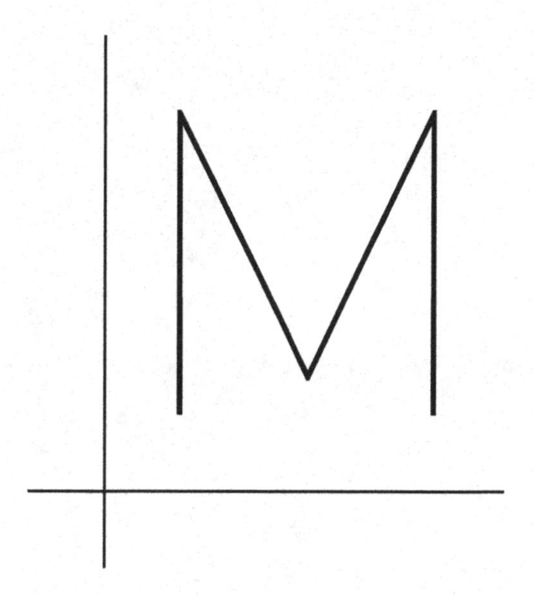

Springer Fachmedien Wiesbaden (Hrsg.), *222 Keywords Wirtschaftsgeografie*,
https://doi.org/10.1007/978-3-658-23652-6_11

Maschinenring

In der Landwirtschaft Zusammenschluss von Landwirten mit dem Ziel, Landmaschinen- und -geräte gemeinsam nutzen zu können. Der Maschinenring ermöglicht auf diese Weise einen geringeren Kapitaleinsatz beim einzelnen Betrieb und sorgt gleichzeitig für eine bessere Auslastung der vorhandenen Maschinen.

Megalopolis

Begriff für flächenhaft verstädterte Zonen mit amorpher Standortverteilung und mind. 25 Mio. Einwohnern, die eine Größenklassifikation ohne theoretischen Bezug darstellt. Als Megalopolis gilt vor allem die Region Boston-Washington an der Ostküste der USA, die sich durch die Konzentration von Großstädten, Verkehrsanlagen, Gewerbe- und Industriestandorten sowie durch intensive und enge sozioökonomische Verflechtungen auszeichnet.

Megastadt

Megacity, Riesenstadt; in der Regel ökonomisches und politisches Zentrum mit subglobal ausgeprägtem Bedeutungsüberschuss, das Fixpunkt von Informations- und Verkehrsströmen ist und - nach Definition der UN - mind. 10 Mio. Einwohner aufweist. Megastädte sind vor allem jene Riesenstädte in Entwicklungsländern, welche gravierende Einbußen an Steuerungsfähigkeit erleiden. Nicht abreißende Migrationsströme und ein explodierendes natürliches Bevölkerungswachstum verdoppeln innerhalb von 15 bis 20 Jahren die Bevölkerung einer Megastadt, womit die Bereitstellung von Arbeitsplätzen, Wohnraum und Infrastruktur nicht mithalten kann. Typisch für Megastädte ist daher ein hoher Bevölkerungsanteil, der in Hüttensiedlungen und Slums lebt und sein Auskommen im informellen Sektor erwirtschaftet. Von Megastädten abzugrenzen sind Metropolen, die auch in Industrieländern vorkommen und für gewöhnlich die Hauptstadt eines Landes sind, was auf Megastädte nicht unbedingt zutrifft. Abzugrenzen ist auch der Begriff Megalopolis, bei dem es sich um die regionale Konzentration mehrerer Großstädte verhält.

Beispiele: Mexiko-City, São Paulo, Kairo, Lagos, Karachi, Mumbai, Dehli, Kalkutta, Dhaka, Schanghai.

Menschenbilder

Vorstellungen über grundlegende Wesensmerkmale des Menschen.

Zu unterscheiden sind besonders:

(1) *Complex Man:* Der Mensch hat vielfältige Bedürfnisse, die sich situationsbezogen verändern können. Der Mensch ist ein flexibles, lernfähiges Wesen.

(2) *Social Man:* Der Mensch hat überwiegend auf die soziale Einbettung bezogene Bedürfnisse; vor allem in der Phase der Human Relations dominierendes Menschenbild.

(3) *Homo oeconomicus:* Der Mensch mit auf ökonomische Zusammenhänge eingegrenzten Zügen. Modellhafte Vorstellung und Annahmen (Rationalprinzip, Nutzenmaximierung, unendliche Anpassungsgeschwindigkeit, vollkommene Transparenz). Dieses Menschenbild liegt der klassischen und neoklassischen Wirtschaftstheorie zugrunde.

(4) Menschenbild vor allem der *Transaktionskostentheorie der Unternehmung:* Opportunismus.

(5) *Theorie X* (Gegentheorie zur Theorie Y; beide von D. McGregor): Der Mensch hat eine angeborene Abneigung gegen Arbeit, ist ohne Ehrgeiz und ohne eigenen Antrieb. Zur Arbeit ist er nur noch unter Androhung von Strafe zu bewegen.

(6) *Theorie Y* (Gegentheorie von Theorie X): Der Mensch hat Freude an anspruchsvoller Arbeit; Selbstdisziplin, Verantwortung und Verstandeskraft sind seine wesentlichen Merkmale.

(7) *Homo sociologicus:* Soziologisches Menschenbild, das die soziale Rolle des Menschen und deren Verhaltensprägung in den Mittelpunkt der Betrachtungen stellt.

(8) *Realwissenschaftliches Menschenbild:* Ein an den Erkenntnissen der Natur- und Sozialwissenschaften orientiertes Menschenbild, in das biologische Erkenntnisse ebenso integriert werden wie psychologische.

Mental Map

Kognitive Landkarte; subjektive Vorstellung einer räumlichen Situation (Ort, Land, Standortmuster, Distanz) bei einer Person oder Gruppe. Eine solche Karte ist ein Querschnitt durch den Raum, der die wahrgenommene Umwelt eines Menschen zu einem bestimmten Zeitpunkt in sein Inneres projiziert. Sie spiegelt die Welt so wider, wie ein Mensch glaubt, dass sie ist bzw. wie er sie empfindet. Es handelt sich dabei meist nicht um eine korrekte Repräsentation der räumlichen Umwelt, vielmehr können Abweichungen und Verzerrungen gegenüber der Realität auftreten. Die Erforschung und Nutzbarmachung von Mental Maps ist unter anderem Gegenstand der verhaltensorientierten Wirtschaftsgeografie. Mental Maps sind deshalb so bedeutsam, weil das räumliche Handeln von Menschen durch subjektive Wahrnehmungen, die in Mental Maps zum Ausdruck kommen, stark beeinflusst und strukturiert wird. Die Aktionsräume menschlicher Gruppen lassen sich damit besser identifizieren und voneinander abgrenzen.

Metropole

Hauptstadt; wirtschaftliches, politisches und kulturelles Zentrum eines Landes (Steuerungszentrale). Vor allem zentralistisch strukturierte Staaten und viele Entwicklungsländer weisen eine Metropole auf, die in Größe, Bedeutung und Reichweite ihrer Funktionalität allen anderen Großstädten überlegen ist (z. B. Paris, Lissabon, Athen, Wien, Kairo, Lagos, Teheran, Buenos Aires); dem Föderalismusprinzip folgende Bundesstaaten (z. B. Deutschland, Schweiz) verfügen über keine ausgeprägte Metropole.

Metropolregion

1. *Begriff:* Überstädtisch-regionale Konzentration zentraler politischer und wirtschaftlicher Steuerungsfunktionen (Steuerungszentrale). Metropolregionen können mono- oder polyzentrisch sein; entscheidend ist ihre Funktionalität, denn je nach zu betrachtender Funktion ergeben sich unterschiedliche geografische bzw. funktionalräumliche Ausdehnungen.

2. *Merkmale*

a) *Funktional-qualitative Merkmale:* Vergleichbar mit Global Cities weisen Metropolregionen einen Bedeutungsüberschuss auf; sie verfügen über einen bedeutenden Verkehrsknotenpunkt, eine hohe Bevölkerungsdichte und ein nationales Wirtschaftszentrum mit internationalen Verknüpfungen. Hinzu kommen Dienstleistungs- und Finanzstandort, Messe- und Medienstandort, ausgeprägte Forschungs- und Entwicklungsaktivitäten, eine international-kulturelle Ausrichtung sowie die Konzentration wirtschaftlicher und politischer Entscheidungen.

b) *Strukturelle Merkmale:* Hierzu zählen ein politisch nicht organisiertes und nicht institutionalisiertes Akteurssystem, Formen der auf privatwirtschaftlichen Initiativen beruhenden kooperativen Zusammenarbeit zwischen politischen und wirtschaftlichen Entscheidungsträgern sowie das Interfacing zwischen internationalen, nationalen sowie regionalen ökonomischen und politischen Netzwerken.

3. *Funktionen:* Metropolregionen weisen drei wesentliche Funktionen auf:

a) *Innovationsfunktion:* Angebot von Knowledge Intensive Business Services (KIBS) für Innovationen im Industrie- und Dienstleistungsbereich.

b) *Gateway-Funktion:* Schaffung von Knotenpunkten zwischen internationalen, nationalen sowie metropolitanen Transportnetzwerken, Räumen und Märkten.

c) *Regulationsfunktion:* Wirtschaftliche, politische und kulturelle Kapazität zur Kontrolle und Steuerung nationaler und internationaler politischer und ökonomischer Vorgänge.

Mobilitätsmanagement

Nachfragebezogener Ansatz des Personenverkehrs, der auf die Förderung einer effizienten, nachhaltigen, umwelt- und sozialverträglichen Mobilität gerichtet ist. Aufgabe des Mobilitätsmanagements ist die Information, Kommunikation, Organisation Koordination und Vermittlung von Mobilitätsangeboten (z. B. Car Sharing, Fahrradverleih, Sammeltaxi).

Modernisierungstheorien

Sammelbezeichnung für eine Vielzahl partieller Entwicklungstheorien. Die Modernisierungstheorien versuchen, den Entwicklungszustand eines Landes zu erklären, wobei sie als Theorieansätze der „kapitalistischen" Welt übereinstimmend hauptsächlich endogene Ursachen für Unterentwicklung sehen. Die Ursachen der Unterentwicklung sind hiernach vor allem in den Entwicklungsländer selbst zu suchen, die sich in einem Stadium befinden, das die Industrieländer längst durchlaufen haben, etwa am Anfang der industriellen Revolution. Unterentwicklung wird folglich als Vorstufe zum „Entwickeltsein" gesehen. Die Modernisierungtheorien stehen im Gegensatz zu den Dependencia-Theorien.

Motorische Einheit

Zentraler Begriff der Wachstumspoltheorie. Die motorische Einheit kann aus einem einzelnen Unternehmen oder einer Gruppe von Unternehmen bestehen. Ihre wichtigsten Merkmale sind, dass sie groß ist, schnell wächst, die anderen Unternehmen dominiert und bedeutende Interrelationen zu den anderen Einheiten aufweist. Entscheidend sind ihre positiven Einflüsse auf andere Einheiten. Dies führt dazu, dass letztere sich vom Umfang her vergrößern und/oder von der Struktur und der Organisation her verändern. Diese Veränderungen werden durch Ausbreitungseffekte (Spread Effects) hervorgerufen. Durch diese Effekte der motorischen Einheit wird in den anderen Einheiten Wachstum erzeugt. Eine motorische Einheit ist keine räumlich definierte Einheit.

Mülltourismus

Abfalltourismus; nicht-wissenschaftlicher Begriff für die Verbringung von Müll bzw. Abfall in andere Staaten. Es wird zwischen Müll zur Verwertung (Abfallverwertung) und Müll zur Beseitigung (Abfallbeseitigung) unterschieden. Die Verschiebung von Müll zur Beseitigung in andere Länder ist größtenteils verboten und moralisch bedenklich, da so Umweltrisiken nicht reduziert, sondern z. B. in Entwicklungsländer mit niedrigen Deponierungsstandards verlagert werden. Zur Vorbeugung und Reglementierung des ungewollten Mülltourismus wurde auf nationaler Ebene eine Vielzahl von Gesetzen und Verordnungen verabschiedet. Ihren größten

Schwachpunkt stellt die mangelnde Klassifizierung von Abfall zur Verwertung bzw. Beseitigung dar. So wird Mülltourismus häufig deshalb möglich, weil Abfälle als Sekundärstoffe bezeichnet werden. Auf internationaler Ebene ist vor allem das Basler Übereinkommen über die Kontrolle der grenzüberschreitenden Verbringung gefährlicher Abfälle und ihre Entsorgung aus dem Jahr 1989 anzuführen. Dieses sieht zwar kein allgemeines Verbot des internationalen Handels mit gefährlichem Abfall vor, stellt aber zumindest einen internationalen Kooperationsrahmen für dessen Kontrolle dar und wird konsequent ausgeweitet.

Multiplikatoreffekt

In der Export-Basis-Theorie Prozess, durch den das ökonomische Wachstum in einer Region größer wird als das Wachstum des Exportsektors (Basic Sector), der als Motor des Wachstums vorgestellt wird.

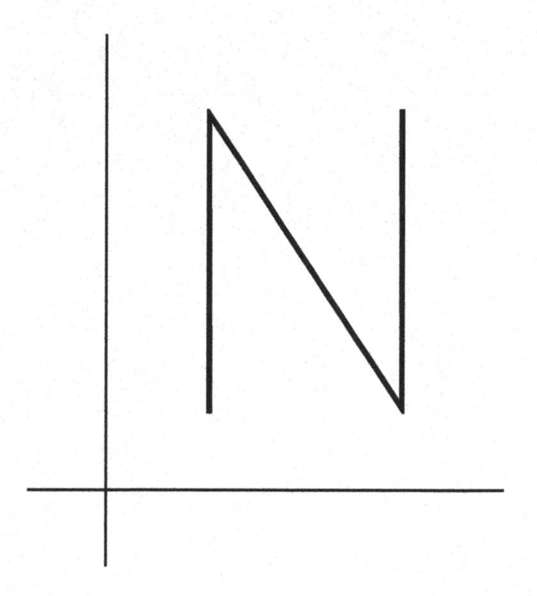

Springer Fachmedien Wiesbaden (Hrsg.), *222 Keywords Wirtschaftsgeografie*,
https://doi.org/10.1007/978-3-658-23652-6_12

Nasse Hütte

Standorttyp der Montanindustrie. Seit den 1960er-Jahren besteht, vor allem in rohstoffarmen Industrieländern wie z. B. Italien und Japan, der Trend, Hüttenwerke an der Küste zu errichten, weshalb man auch von „nassen Hütten" spricht. Die Gründe dafür liegen im zurückgehenden Koksanteil beim Hochofenprozess und in der verstärkten Verwendung hochprozentiger Importerze.

Naturraumpotenzial

Versuch, das Leistungsvermögen eines Naturraumes für die wirtschaftlichen Bedürfnisse einer Gesellschaft zu bestimmen. Es ist kein naturwissenschaftlicher Begriff, der nur die natürlichen Grundlagen beschreibt, sondern er bewertet diese gemäß den Anforderungen, die die Gesellschaft an sie stellt. Der Begriff des Naturraumpotenzials wurde im Wissenschaftssystem der sozialistischen Staaten entwickelt.

Netzwerk

1. In der Regel als Synonym für *Netz* benutzt.

2. System von miteinander in über reine marktbezogene Beziehungen hinausgehend verbundenen Akteuren als Zwischenform von Markt und Hierarchie. Die Struktur eines Netzwerks wird durch das Verhalten, die Interdependenz, die Intensität der Kopplung und die Macht der Akteure bestimmt. Des weiteren kann man Netzwerke hinsichtlich der Zielsetzung und des Grades der Formalität sowie der räumlichen Anordnung unterscheiden (kreatives Milieu, Industriedistrikt).

Netzwerkanalyse

Teilgebiet der Regionalanalyse, das sich mit der Beschreibung und Analyse der Struktur und Kapazität von Transportnetzen befasst unter der Verwendung von graphentheoretischen Maßen. Entsprechend geht die Netzwerkanalyse von einer Transformation des topographischen in einen topologischen Raum aus, d. h. Transportnetze werden dargestellt mittels Knoten, die durch sich nicht überschneidende Kanten verbunden werden (planare Graphen). Kanten wie Knoten können „bewertet" werden, z. B. mit Zeit- oder Kostenentfernungen oder mit Kapazitäten. Diese topologischen Darstellungen bilden die Grundlage für die Ermittlung verschiedener Eigenschaften von Netzen wie Konnektivität, Erreichbarkeit/Zugänglichkeit, Orientierung, Größe. Die Verfahren der Netzwerkanalyse lassen sich auch in der Planung der räumlichen Zuordnung von Angebots- und Nachfragestandorten einsetzen (Standortallokationsmodelle).

Neue internationale Arbeitsteilung

New International Divison of Labor; unternehmensinterne bzw. intrasektorale Arbeitsteilung, deren Hauptakteure transnationale Unternehmungen sind. Sie löste die überwiegend horizontal bzw. sektoral strukturierte alte internationale Arbeitsteilung ab, die auf den Austausch von Rohstoffen gegen Industrieprodukte zwischen den Entwicklungsländern und den Industrieländern (Kolonialismus) ausgerichtet war. Zentrale Merkmale sind Sonderwirtschaftszonen und Prozesse der Lohnveredelung. Triebkräfte der neuen internationalen Arbeitsteilung sind das große Potenzial an Arbeitskräften in den Entwicklungsländern, dessen Kosten nur einen Bruchteil der Arbeitskosten in den Industrieländern ausmachen, die fortschreitende Fragmentierung der Produktionsprozesse sowie Fortschritte in den Transport- und Kommunikationstechnologien, wodurch die Kosten für Raumüberwindung stark sinken.

Neue Ökonomie

Schlagwortartige Bezeichnung des Wirtschaftsbereichs, der in starkem Maße auf dem Internet und damit verbundenen Informations- und Kommunikationstechnologien aufbaut. Produziert und gehandelt werden in erster Linie immaterielle Güter, aber auch bei materiellen Gütern kann die neue Ökonomie etwa im Vertrieb oder in der Organisation und Vernetzung der Produktionsprozesse eine wichtige Rolle spielen. Für manche Beobachter ist die Neue Ökonomie zugleich ein Synonym für die zunächst euphorisch gefeierte und dann geplatzte spekulative Blase an den Börsen in den Jahren von 1999 bis 2003.

New Economic Geography

Von P. Krugman geprägter Begriff für die junge Richtung der Volkswirtschaftslehre, die die Wiederentdeckung der räumlichen Komponente in der Ökonomie betont. Sie baut hauptsächlich auf den Annahmen der traditionellen Raumwirtschaftslehre und des raumwirtschaftlichen Ansatzes der Wirtschaftsgeografie auf und untersucht, welche Faktoren für die Ballung wirtschaftlicher Aktivitäten in einer Region ausschlaggebend sind. Kritisch zu dieser Strömung äußern sich vor allem deutsche Geografen. Ihrer Ansicht nach ist dieser Begriff irreführend, da keine wirkliche Neuorientierung der Wirtschaftsgeografie stattfindet. Für die New Economic Geography nach Krugman ist daher aus wirtschaftsgeografischer Sicht der Terminus Geographical Economics vorzuschlagen.

New Economy

Neue Ökonomie.

1. *Statisch*: Sammelbezeichnung für junge, innovative Branchen (Halbleiter, Biotechnologie, Mikroelektronik etc.).

2. *Dynamisch*: Grundlegende Veränderung der Wirtschaft durch den Einsatz moderner Informations- und Kommunikationstechnologien über alle Bereiche hinweg.

Nomadismus

Eine der ältesten Wirtschaftsformen, die durch die regelmäßige Wanderbewegung ganzer sozialer Gruppen gekennzeichnet ist. Der Nomadismus stellt sich in der Regel als ein Wanderhirtentum dar, das durch ständiges, meist saisonbedingtes zyklisches Wandern ganzer Stämme von Viehhaltern unter Mitnahme der beweglichen Habe zum Zwecke der Weidenutzung gekennzeichnet ist. Jegliche Niederlassung ist beim Nomadismus temporär, wobei der Rhythmus der Wanderungen 1-2 Tage bis zu 10-20 Jahre umfasst. Verbreitet ist der Nomadismus in den Steppengebieten und Halbwüsten von Zentralasien bis Nordafrika. Heute fehlen dem Nomadismus jedoch in den meisten Regionen die Rahmenbedingungen.

Non Basic Sector

Teil der lokalen Wirtschaft, der lediglich für den lokalen Markt produziert und in seinem Wachstum von dem im Basic Sector induzierten Wachstum abhängig ist.

Springer Fachmedien Wiesbaden (Hrsg.), *222 Keywords Wirtschaftsgeografie*,
https://doi.org/10.1007/978-3-658-23652-6_13

Peripherie

Region, die wirtschaftlich relativ passiv ist. Sowohl der Stand der Wirtschaft als auch die Entwicklung derselben bleiben hinter den Standards des Zentrums zurück. Aufgrund seiner ökonomischen Rückständigkeit wird der periphere Raum vom Zentrum dominiert.

Plantage

Marktorientierter, großbetrieblicher Anbau von Baum- und Strauchkulturen.

Typisches Merkmal für eine Plantage ist eine weit überdurchschnittlich große Fläche, die nicht ausschließlich der Nutzung dienen muss. Oft gehören auch Waldgebiete, steile Bergländer, Überschwemmungsflächen und Sumpfgebiete dazu. Weitere Merkmale sind eine hohe Anzahl familienfremder Arbeitskräfte, hoher Kapitaleinsatz, Zucht und Anbau einer Marktfrucht als Monokultur, eine darauf ausgerichtete Ausstattung mit Land- und Erntemaschinen sowie häufig Aufbereitungs- und Veredelungsanlagen für Endprodukte (z. B. Zucker- und Sisalfabriken, Ölmühlen, Kaffeeaufbereitungsanlagen). Die Plantagenwirtschaft ist vor allem in Ländern mit tropischem Klima verbreitet und hat dort einen hohen Anteil an den Agrarexporten.

Polarisationstheorien

Aus der Kritik an den neoklassischen Gleichgewichtstheorien (Neoklassik) entstandene wirtschaftliche Entwicklungstheorien. Sie gehen von dauerhaften räumlichen Ungleichgewichten und sehr individuellen Entwicklungspfaden aus. Ein positives Ereignis in einer Branche reicht, um durch Rückkopplungseffekte das Wachstum einer ganzen Region anzukurbeln, während kumulative sozio-ökonomische Prozesse den Abstand zwischen wachsenden und unterentwickelten Gebieten verschärfen. Es wird davon ausgegangen, dass Entzugseffekte (Backwash-Effekt), z. B. Faktorwanderungen (Kapital, Arbeitskräfte) in die wachsende Region, stärker sind als zentrifugale Ausbreitungseffekte oder Sickereffekte. Polarisationstheorien haben vor allem Einzug in die Entwicklungsländerdiskussion gehalten. Sie stützen das Argument, dass Unterentwicklung die Folge wirtschaftlicher Abhängigkeit ist (Dependencia-Theorien).

Possibilismus

Bei der Wirtschaftsraumanalyse Forschungsansatz, der den menschlichen Entscheidungs- und Interpretationsspielraum innerhalb bestimmter sozialer und physischer Grenzen betont. Gesellschaft und Natur sind nicht durch die Natur determiniert, sondern das Ergebnis in Wert gesetzter Möglichkeiten.

Postfordismus

Bezeichnung für eine Phase flexibler Produktion, welche das Fließband- und Massenproduktionsprinzip des Fordismus aufgibt und neue Organisations- und Produktionscharakteristika aufweist: verstärkter Einsatz von neuen Technologien, reduzierte Fertigungstiefe, geringere vertikale Integration, individuellere Produktgestaltung, Gruppenarbeit und Neugestaltung der zwischenbetrieblichen Verflechtungen. Als räumliches Charakteristikum des Postfordismus gilt das Entstehen von Clustern kleinerer, selbstständiger Betriebe einer Branche (z. B. Silicon Valley, norditalienische Textilindustrie, Drittes Italien).

Primärenergieträger

Die in der Natur in ihrer ursprünglichen Form dargebotenen Energieträger, z. B. Steinkohle, Rohbraunkohle, Erdöl, Erdgas, Holz, Kernbrennstoffe, Wasser, Sonne und Wind.

Produktzyklustheorie

I. Außenwirtschaft

Die Produktzyklustheorie betont die Veränderung komparativer Vorteile für einzelne Güter im Zeitverlauf. In der *Einführungsphase* ist das technische Know-how für den komparativen Vorteil entscheidend. Die Produkteinführung solcher Güter erfordert gute Kommunikationsmöglichkeiten zwischen Produzenten und Nachfragern, und diese sind im Inland eher gegeben als international (Linder-Hypothese). Nach der erfolgreichen

Einführung solcher Produkte entsteht in der *Reifephase* die Möglichkeit des Exports in Länder mit ähnlicher Nachfragestruktur. Elemente der Produktdifferenzierung und Größenvorteile können diesen Effekt noch verstärken. Nach einer gewissen Zeit wird das Produkt standardisiert, und die erwähnten Kommunikationserfordernisse verlieren ihre Bedeutung. An deren Stelle bestimmen Kostenüberlegungen die komparativen Vorteile. Je nach Faktorausstattung der einzelnen Länder kann dann die Produktion solcher Güter in der *Stagnationsphase* in das Ausland wandern, und das Gut wird in weiterer Folge zu einem Importgut (Heckscher-Ohlin-Handel). Schließlich kann das Gut durch die Einführung neuer Güter im Inland vollständig ersetzt werden *(Degeneration)*.

II. Theorie der standörtlichen Verlagerung von Produktionsstätten

1. *Begriff:* Die Produktzyklustheorie besagt, dass der Wachstumspfad der Produktion eines Gutes nachfrageabhängig feste Phasen der Produktcharakteristik und der Produktionstechnik durchläuft und entsprechend dem Lebenszyklusstadium das Gewicht der einzelnen Standortfaktoren unterschiedlich ist. Dadurch kommt es zu regelhaften Sequenzen räumlicher Verlagerung der Produktionsstandorte.

2. *Entstehung:* Entwickelt wurde diese Theorie von *Vernon* (1966) und *Hirsch* (1965, 1967) zur Erklärung des relativ stärkeren Wachstums von US-amerikanischen Direktinvestitionen im Ausland gegenüber den Warenexporten in den 1960er- Jahren. Wirtschaftsgeografie und Stadtökonomik haben diesen Ansatz übernommen und auf die räumliche Spezialisierung und Dynamik von Industrieregionen, vor allem die Verlagerung von den entwickelten zu den unterentwickelten Staaten im Zusammenhang mit der neuen internationalen Arbeitsteilung, angewandt. Inzwischen genießt die Produktzyklustheorie einen zentralen Stellenwert in der Analyse der Lokalisierung von Unternehmen aus hochtechnologischen Branchen sowie der Rolle der Technologie in der Herstellung räumlich ungleicher Entwicklung.

3. *Theorie:* Das Produktzyklusmodell unterscheidet in der Regel drei (manchmal vier) Phasen:

a) In der *Innovationsphase*, in der das neue Produkt eingeführt wird, sind die wissenschaftlich-technischen Ressourcen, hoch qualifizierte Arbeitskräfte und gute, flexible Kommunikationsmöglichkeiten mit Nachfragern, Zulieferern und auch Konkurrenten in der Region von großer Bedeutung. Die Produktionstechnologie befindet sich noch im experimentellen Stadium, das Marktvolumen ist gering und unsicher. Geringe Preiselastizität und temporäres Monopol ermöglichen zwar beachtliche Gewinne, diesen stehen jedoch hohe Pionierinvestitionen und ein geringes Produktionsvolumen (Einzel-, Kleinserienfertigung) gegenüber. Metropolitane Regionen in hochentwickelten Industrieländern mit Forschungszentren, aufnahmefähigen Märkten, differenziertem Dienstleistungsangebot und ungebundenem Kapital scheinen die günstigsten Standortvoraussetzungen zu bieten.

b) In der *Wachstums- und Reifephase* expandiert die Nachfrage sowohl in der Region als auch außerhalb. Die Produktstandardisierung setzt ein, Massenproduktion wird aufgenommen. Die Nutzung von Skalenvorteilen und kostengünstigen Inputs (Rohstoffe, Arbeitskraft) zur Stückkostensenkung gewinnt angesichts wachsenden Preiswettbewerbs zunehmend an Bedeutung. Dem Management kommt eine Schlüsselfunktion für die Organisation der Massenproduktion, die Sicherung der Märkte und die Bereitstellung des Investitionskapitals zu. Der wachsende Kostendruck und die zunehmende Bedeutung auswärtiger Märkte löst Standortverlagerungen hin zu peripheren Regionen der hoch entwickelten Industrieländer und hin zu den auswärtigen Märkten aus.

c) In der *Standardisierungsphase* ist die Massenproduktion die Norm, die Produktionstechnologie ausgereift, Ersatz- und Erweiterungsinvestitionen überwiegen. Es herrscht intensiver Preiswettbewerb. Die Produktdifferenzierung dominiert gegenüber Innovationen. Die wachsende Kapitalintensität bewirkt Standortverlagerungen in weniger entwickelte Regionen bzw. Länder wegen der dort reichlich vorhandenen billigen, gering qualifizierten Arbeitskräfte sowie der staatlichen Investitionsanreize und Subventionen. In den hochentwickelten Gebieten überwiegen die Importe aus den neuen Standortregionen.

d) Diesen drei ursprünglichen Phasen des Produktzyklus wird zum Teil eine vierte, die *Stagnations- und Kontraktionsphase,* hinzugefügt. Sie zeichnet sich durch schwach wachsende oder schrumpfende Märkte aus. Massenproduktion und der Einsatz billiger, ungelernter Arbeitskräfte bleiben bestimmend. Es setzen verstärkt Prozesse der Unternehmenskonzentration und der vertikalen Integration ein. Die Exportstrategien werden zunehmend durch Importsubstitution und staatliche Protektion in den peripheren Standortregionen ersetzt.

4. *Kritik:* Die Simplizität des Modells hat maßgeblich zu seiner Verbreitung beigetragen, ist aber auch eine Schwachstelle, da es wesentliche Aspekte der Nachfrage, des Angebotes, des unternehmerischen Handelns und der politischen Steuerung vernachlässigt und im technologischen Wandel den Hauptgrund von Investitionsentscheidungen sieht (technologischer Determinismus). Bezüglich der Kontrolle der Produktionstechnologie und des Technologietransfers berücksichtigt das Modell nicht die vielfältigen Unternehmensstrategien, wie z. B. Internationalisierung, Joint Ventures, Subcontracting und Ähnliches, sondern unterscheidet in der räumlichen Verlagerung des Know-hows nur zwischen einheimischen und auswärtigen Unternehmen. Die Invention neuer Produkte ist in der Regel nicht identisch mit ihrer endgültigen Form, wie es das Modell annimmt, vielmehr erfolgen im Verlauf der Markteinführung stufenweise Verbesserungen und Änderungen. Im Modell wird das Produkt als homogen betrachtet; die in der ökonomischen Realität wirkenden Unterschiede der technischen Ausstattung und der Verwendungsmöglichkeit sowie die Markenpolitik der Unternehmen bleiben ausgeklammert. Standortwirksame Faktoren (vor allem in der zweiten und dritten Phase) werden ebenso verkürzt behandelt. Fraglich ist auch die Gültigkeit des postulierten Zusammenhangs von Standardisierung und Massenproduktion einerseits und Nutzung billiger Arbeitskraft in der Peripherie andererseits; technologische Entwicklungen wie CNC-Anlagen, CIM etc. ermöglichen Stückkostensenkung und Massenproduktion ohne Standardisierung. Weiterhin können Prozessinnovationen bei einer scheinbaren Produktstabilität die Standortverlagerung nachhaltig verändern. Fraglich ist auch, ob die im Verlauf des Produktzyklus angenommene Auflösung der Monopol-Marktform eintritt. Schließlich berücksichtigt das Modell die Diskordanzen von Nachfrage- und Produktzyklen nicht, sondern unterstellt, dass der Markt alle Produkte absorbiert. Ungeachtet dieser Probleme ist die Produktzyklustheorie vielfach zur Grundlage wirtschaftsgeographischer Analysen der regionalökonomischen Dynamik gemacht worden. Sie dient auch zur

Erklärung der Rolle von F&E-Aktivitäten (*Silicon-Valley-Phänomen*), der Gründung neuer Unternehmen, des technologischen Wandels und der Planung von Technologieparks. Die Überwindung der aufgezeigten konzeptionellen Schwächen wird in einer Verknüpfung mit Theorie des Unternehmens gesehen.

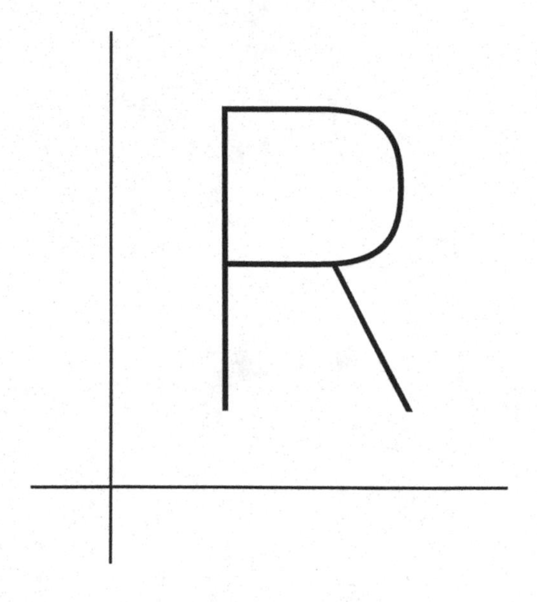

Springer Fachmedien Wiesbaden (Hrsg.), *222 Keywords Wirtschaftsgeografie*,
https://doi.org/10.1007/978-3-658-23652-6_14

Raumanalyse

Quantitative, meist sekundärstatistische Analyse der räumlichen Ordnung von Sachverhalten, welche als Verteilungsmuster von Objekten, deren Interaktionen und verortete Flächennutzungen betrachtet und beschrieben werden. Ein weiterer Ansatz ist mithilfe einer qualitativen Analyse über primärstatistische Erhebungen und Auswertungen möglich.

Raumordnung

Die in einem Staatsgebiet angestrebte räumliche Ordnung (Leitbild) von Wohnstätten, Wirtschaftseinrichtungen, Infrastruktur etc.

Raumordnungspolitik

Gesamtheit aller Maßnahmen, welche auf die Erreichung einer leitbildgerechten Raumordnung (in Deutschland im Sinne des Bundesraumordnungsgesetzes) gerichtet sind. Die Raumordnungspolitik zielt darauf ab, Konzeptionen der Raumplanung unter Zuhilfenahme staatlicher Anreiz-, Anpassungs- und Abschreckmittel umzusetzen.

Raumstruktur

Art und Weise, in welcher der Raum durch natürliche und/oder soziale Prozesse organisiert ist. Als materielles Substrat dieser Prozesse gibt die Raumstruktur Aufschluss über vergangene und gegenwärtig herrschende natürliche Gesetzmäßigkeiten und/oder wirtschaftliche, soziale und politische Handlungsmuster. Sie stellt zugleich eine der Bedingungen dar, unter denen sich wirtschaftliches und soziales Handeln vollzieht.
Erklärung der Raumstruktur: Agglomerationseffekte.

Raumwirtschaftlicher Ansatz

Methodisches Konzept in der Wirtschaftsgeografie, das es sich zur Aufgabe macht, räumliche Strukturen und ihre Veränderungen aufgrund ökonomischer Gesetzmäßigkeiten zu erklären, zu beschreiben und zu bewerten. Essenziell sind die Herausarbeitung interner Entwicklungsdeterminanten und die Analyse räumlicher Interaktionen. Die Verteilung ökonomischer Aktivitäten im Raum (Struktur), die räumlichen Interaktionen zwischen den ökonomischen Aktivitäten (Funktion) sowie deren Entwicklungsdynamik (Prozess) sind die Bestandteile eines interdependenteren Raumsystems.

Raumwirtschaftslehre

Zweig innerhalb der Wirtschaftswissenschaften, welcher sich mit den räumlichen Aspekten der Wirtschaft auseinandersetzt und eine theoretische Erklärung für ihre räumliche Ordnung liefert (Wirtschaftsgeografie). Wesentliche Bestandteile sind die Abstraktion der Wirklichkeit durch Modell- und Theoriebildung im Rahmen übergeordneter Zusammenhänge. Durch die gezielte Beschränkung auf die wesentlichen Bestimmungsfaktoren des räumlichen Differenzierungsprozesses und die Möglichkeit, Modellvariablen zielgerichtet modifizieren zu können, leistet die Raumwirtschaftslehre einen wichtigen Beitrag zur Erklärung der Mechanismen und der Dynamik ökonomischer Systeme.

Region

Zusammenhängendes geografisches Gebiet von zumeist mittlerer Größenordnung zwischen aggregierter Volkswirtschaft und disaggregierten Raumpunkten (Lokalitäten) als Kennzeichnung einer bestimmten Maßstabsebene der räumlichen Analyse.

Regional Governance

Sammelbegriff zur Diskussion sich verändernder Steuerungsformen der Regionalentwicklung. Regional Governance ist das Ergebnis der veränderten Rolle des Staates und steht für netzwerkartige, schwach institutionalisierte Steuerungsformen, in denen staatliche, wirtschaftliche und zivilgesellschaftliche Akteure zusammenwirken.

Regionalanalyse

Ansatz in der Wirtschaftsgeografie und Raumwirtschaftstheorie, in dessen Mittelpunkt die räumliche Anordnung von Sachverhalten auf der Erdoberfläche steht. Die Regionalanalyse betrachtet vor allem räumliche

Muster und Interaktionen, entwickelt Modelle der räumlichen Form von Verteilungen und Prozessen menschlicher Aktivitäten, wobei sie stark quantitativ-mathematisch orientiert ist.

Regionale Disparitäten

Ungleichheiten in der Raumstruktur einer Region oder im Vergleich von zwei oder mehreren Regionen. Die Beseitigung regionaler Disparitäten ist Aufgabe der Regionalpolitik.

Regionalentwicklung

Bezeichnung für Konzepte und Maßnahmen, welche die wirtschaftliche Entwicklung einer Region unterstützen (Regionalmarketing). Der Begriff wird uneinheitlich verwendet und bezieht sich sowohl auf verschiedene inhaltliche Schwerpunkte als auch auf unterschiedliche räumliche Ebenen. Regionalentwicklung zielt auf den Ausgleich regionaler Disparitäten ab, um gleichwertige Lebensbedingungen in allen Regionen und eine nachhaltige Raumentwicklung zu gewährleisten, und erfordert die gezielte Koordinierung von Regionalplanung und Regionalpolitik.

Regionales Milieu

Formelles oder informelles Netzwerk, das sich durch eine intensive, wirtschaftsförderliche regionale Interaktion und ein harmonisches Regionalbewusstsein der Akteure auszeichnet.

Regionalisierung

1. Allgemein die Aufteilung oder Untergliederung eines Raumes oder räumlicher Sachverhalte in kleinere Einheiten nach einem zweckbestimmten Aufteilungsschema, meist mithilfe von problemorientierten statistischen Merkmalen. Der Begriff wird vor allem in der angewandten Geographie und der ® *Raumplanung* verwendet, insbesondere in folgenden Zusammenhängen:

(1) Untergliederung eines Staatsgebietes in Regionen, vor allem in Planungsregionen

(2) Aufteilung finanzieller Mittel (z. B. Staatshaushalt, Subventionen für bestimmte Wirtschaftszweige) auf räumliche Einheiten des Gesamtraums

2. Entstehung regionaler Integrationen als eine Begleiterscheinung der Globalisierung.

3. kleinräumige territoriale Integration und Vernetzung von wirtschaftlichen Aktivitäten mit einer besonderen Betonung regionaler Qualitäten und Beziehungsgefüge (Lokalisierung, Industriedistrikt, Cluster).

Regionalmarketing

1. *Werbung:* Versuch, in Form von Kampagnen das Besondere oder Typische einer Region hervorzuheben. Ziele können die Förderung des Tourismus und die Neuansiedlung von Unternehmen sein.

2. *Regionalentwicklung:* Komplex von Maßnahmen, die unter Einbeziehung unterschiedlicher Akteure (Einwohner, Politik, öffentliche Institutionen, Forschungseinrichtungen, private Unternehmen) die endogenen Potenziale einer Region aktivieren sollen. In diesem Zusammenhang zielt Regionalmarketing vor allem auf die Schaffung und Verbesserung weicher Standortfaktoren zur Förderung der regionalen wirtschaftlichen Entwicklung ab.

Konzeptionell mit dem Regionalmarketing vergleichbar, aber auf einer anderen räumlichen Ebene angesiedelt, ist das Stadtmarketing.

Regionalpolitik

Pläne und Maßnahmen der regionalen Wirtschaftspolitik, regionale Unterschiede in der ökonomischen Leistungsfähigkeit (regionale Disparitäten) abzubauen.

I. Bundesrepublik Deutschland

Die Verbesserung der regionalen Wirtschaftsstruktur ist eine der Gemeinschaftsaufgaben von Bund und Ländern („Verbesserung der regionalen Wirtschaftsstruktur"). Die Förderung muss mit den Grundsätzen der allgemeinen Wirtschaftspolitik und mit den Zielen und Erfordernissen der Raumordnung und Landesplanung übereinstimmen; sie hat auf gesamtdeutsche Belange und auf die Erfordernisse der europäischen Gemeinschaften (EU) Rücksicht zu nehmen. Sie soll sich auf räumliche und sachliche Schwerpunkte konzentrieren und ist mit anderen öffentlichen Entwicklungsvorhaben abzustimmen.

1. *Förderungsmaßnahmen:*

(1) Förderung der gewerblichen Wirtschaft bei Errichtung, Ausbau, Umstellung oder grundlegender Rationalisierung von Gewerbebetrieben (einschließlich Fremdenverkehr);

(2) Förderung des Ausbaues der Infrastruktur, soweit es für die Entwicklung der gewerblichen Wirtschaft erforderlich ist, durch Erschließung von Industriegelände, Ausbau von Verkehrsverbindungen, Energie- und Wasserversorgungsanlagen, Abwasser- und Abfallbeseitigungsanlagen sowie öffentlichen Fremdenverkehrseinrichtungen, und schließlich durch Errichtung oder Ausbau von Ausbildungs-, Fortbildungs- und Umschulungsstätten, soweit ein unmittelbarer Zusammenhang mit dem Bedarf der regionalen Wirtschaft an geschulten Arbeitskräften besteht.

2. Diese Förderungsmaßnahmen werden in Gebieten durchgeführt, deren Wirtschaftskraft deutlich *unter dem Bundesdurchschnitt* liegt oder erheblich darunter abzusinken droht oder in denen Wirtschaftszweige vorherrschen, die vom Strukturwandel in einer Weise betroffen oder bedroht sind, dass negative Rückwirkungen auf das Gebiet in erheblichem Umfang eingetreten oder absehbar sind. Einzelne Infrastrukturmaßnahmen werden auch außerhalb der vorstehend genannten Gebiete gefördert, wenn sie in einem unmittelbaren Zusammenhang mit geförderten Projekten innerhalb benachbarter Fördergebiete stehen.

3. Für die Erfüllung der Förderung der Wirtschaft wird jährlich ein gemeinsamer *Rahmenplan* aufgestellt. Er ist für den Zeitraum der Finanzplanung aufzustellen. In diesem Rahmenplan werden die Förderungsgebiete abgegrenzt, die Ziele genannt, die in diesen Gebieten erreicht werden sollen, die Förderungsmaßnahmen im Einzelnen und die Voraussetzungen, Art und Intensität der Förderung. Die Durchführung des Rahmenplans ist Aufgabe der Länder. Der Bund erstattet grundsätzlich jedem Land die Hälfte der nach Maßgabe des Rahmenplans entstandenen Ausgaben.

4. Für die Aufstellung des Rahmenplans bilden die Bundesregierung und die Landesregierungen einen *Planungsausschuss.*

5. *Rechtsgrundlage:* Gesetz über die Gemeinschaftsaufgabe „Verbesserung der regionalen Wirtschaftsstruktur" vom 6.10.1969 (BGBl. I 1861) m.spät.Änd.

II. Europäische Union

1. *Begriff:* Die europäische Regionalpolitik dient der Stärkung des wirtschaftlichen und sozialen Zusammenhalts in der EU. Der Binnenmarkt bringt vor allem den wirtschaftlichen Gravitationszentren mit gut ausgebauter Infrastruktur und leistungsfähigen Industrien Vorteile; weniger entwickelte Regionen können mit diesen nur schwer mithalten. Es besteht die Tendenz der wachsenden Konzentration ökonomischer Aktivitäten in den Verdichtungsräumen, die mit der Gefahr von starken Migrationsbewegungen zu den Arbeitsplätzen in den Zentren der EU und der Entleerung altindustrialisierter, agrarischer, peripherer und strukturschwacher Räume einhergeht. Die europäische Regionalpolitik soll einer solchen Entwicklung durch Verbesserung der Wirtschaftsstruktur in Randgebieten entgegensteuern und damit auch zum Erhalt des sozialen Friedens in der EU beitragen. Auch Regionen, die sich im sozialen und wirtschaftlichen Umbruch befinden oder Altlasten ehemaliger Planwirtschaften aufweisen, sind Gegenstand der Regionalpolitik.

2. *Maßnahmen:* Zu den Förderinstrumenten zählen die drei Strukturfonds: Der Europäische Fonds für regionale Entwicklung (EFRE) zur Förderung von Forschung und Innovationen, Investitionen, Digitalisierung, kleiner und mittlerer Unternehmen sowie einer CO^2-armen Wirtschaft; der Europäische Sozialfonds (ESF) zur Förderung von Beschäftigung und Mobilität von Arbeitskräften, der beruflichen Bildung, von Arbeitsberatung und -vermittlung sowie der Effizienzsteigerung in der öffentlichen Verwaltung; der Kohäsionsfonds zur Förderung von Projekten in den Bereichen Umwelt, Verkehrsinfrastruktur und erneuerbare Energien . Die Mittel gehen an die 15 EU-Länder, deren Lebensstandard unter 90 Prozent des EU-Durchschnitts liegt (Bulgarien, Estland, Griechenland, Kroatien, Lettland, Litauen, Malta, Polen, Portugal, Rumänien, Slowakei, Slowenien, Tschechien, Ungarn, Zypern). Hinzukommen der Europäische Landwirt-

schaftsfonds für die Entwicklung des ländlichen Raums (ELER) sowie der Europäische Meeres- und Fischereifonds (EMFF). In der EU-Finanzplanung 2014–2020 werden die regionalpolitischen Maßnahmen unter dem Titel „intelligentes und integratives Wachstum" geführt. Mit ca. 508.921 Mio Euro entfallen auf diesen Posten 47 Prozent der EU-Finanzplanung.

3. *Beurteilung:* Die europäische Regionalpolitik ist in ihrer Motivation und Konzeption höchst umstritten. Die EU gibt rund ein Drittel ihres Haushalts für Regionalsubventionen aus und limitiert gleichzeitig korrespondierende Aktivitäten der Nationalregierungen. Zu hinterfragen ist daher, ob und unter welchen Bedingungen eine Regionalförderung durch die EU überhaupt sinnvoll ist. Möglicherweise ist sie nicht Ausdruck ökonomischer Effizienz, sondern als politisches Tauschgeschäft einzustufen. Durch ihre Verfahren und Abläufe beeinflusst sie zunehmend die regionale Entscheidungsebene der Mitgliedsstaaten. Angesichts der erheblichen finanziellen Belastung, des hohen Erwartungsdrucks ärmerer Regionen sowie des steigenden Problemdrucks im Hinblick auf künftige Erweiterungsrunden muss die Frage nach den bisherigen Erfolgen und den zukünftigen Maßnahmen dieses Politikbereichs gestellt werden.

Regionalwissenschaft

Wissenschaftliche Disziplin der theoretischen und quantitativen Analyse regionalökonomischer Sachverhalte im Schnittfeld von Ökonomik, Geografie und Raumplanung. Ausgehend von der neoklassischen Wirtschaftstheorie hat sich die Regionalwissenschaft vor allem mit der Konstruktion von raumwirtschaftlichen Gleichgewichtsmodellen und Optimierungsmodellen (besonders unter Anwendung der linearen Programmierung) befasst. In der empirischen Modellbildung standen regionale Input-Output-Modelle, Industriekomplexanalyse, Gravitations- und zentralörtliche Modelle sowie Modelle der Grundrente und des Wohnungsmarktes im Vordergrund.

Regulationstheorie

Von franz. Sozialwissenschaftlern entwickelte Theorie, welche die langfristige gesellschaftliche und wirtschaftliche Entwicklung durch ein nichtdeterministisches Abfolgen von Entwicklungsphasen und Entwicklungskrisen erklärt. Als Beispiele lassen sich die Entwicklungsregime von Fordismus und Postfordismus anführen. Die Entwicklungsphasen sind durch einen in sich stimmigen gesellschaftlich-wirtschaftlichen Entwicklungszusammenhang charakterisiert, der ein Akkumulationsregime bzw. eine Wachstumsstruktur als Ausdruck einer technologischökonomischen Struktur einem Koordinationsmechanismus bzw. einer Regulationsweise als Ausdruck der institutionell-gesellschaftlichen Struktur gegenüberstellt. Der Übergang zwischen den Entwicklungsphasen wird durch strukturelle Krisen ausgelöst. Bis auf die Ebene des Nationalstaats als Ausgangspunkt der regulationstheoretischen Überlegungen weist die Regulationstheorie ursprünglich keine räumliche Komponente auf, besitzt in der Wirtschaftsgeografie als wissenschaftliche Grundlage für verschiedene Fragestellungen mittlerweile aber eine hohe theoretische Relevanz.

Relationale Wirtschaftsgeografie

Moderner Ansatz der Wirtschaftsgeografie, welcher die Beschreibung und Erklärung der räumlichen Dimension sozialer und ökonomischer Aktivitäten und Beziehungen in den Mittelpunkt der Betrachtung stellt und damit als Paradigmenwechsel gegenüber dem raumwirtschaftlichen Ansatz der Wirtschaftsgeografie angesehen werden kann. Besonders hervorgehoben wird die Bedeutung von Lernprozessen, sozio-institutionellen Netzwerken und der Embeddedness von Akteuren. Die Analyse ökonomischer Prozesse aus räumlicher Perspektive erfolgt kontextbezogen und evolutionär.

Rentenkapitalismus

Im Orient und Mittelmeerraum verbreitetes Wirtschaftssystem, das als Zwischenstufe zwischen einer feudal organisierten Agrargesellschaft und einem modern-produktiven Industriekapitalismus gilt. Wesentliches Merkmal des Rentenkapitalismus ist die Ausbeutung der landwirtschaftlichen und gewerblichen Produzenten durch die Abschöpfung von Renten als Ertragsanteile und die Kommerzialisierung ihrer Ansprüche. Rententitel sichern den Eigentümern der handwerklichen und landwirtschaftlichen Produktionsfaktoren einen festen Anteil am Produkt der Bauern und

Gewerbetreibenden. Eine Reinvestition der Gewinne durch den Inhaber der Rententitel mit dem Ziel der Verbesserung der Produktivität unterbleibt zumeist, was den stationären Charakter einer rentenkapitalistischen Wirtschaft unterstreicht. Das „Kapitalistische" am Rentenkapitalismus ist die freie Handelbarkeit der Rententitel, die zur Konzentration vieler Titel in den Händen weniger reicher Gesellschaftsmitglieder führt. Da die Entfaltung materieller Produktivkräfte stagniert, kann der Rentenkapitalismus als wesentliche Ursache für Unterentwicklung in seinen Verbreitungsgebieten identifiziert werden.

Reurbanisierung

Jüngste Entwicklungsphase von Verdichtungsräumen, die durch eine Zunahme des Kernstadtanteils von Bevölkerung und Beschäftigung bei entsprechender Abnahme oder Stagnation im Umland gekennzeichnet ist (Umkehr des Prozesses der Suburbanisierung).

Rohstoffpotenzial

Partielles Naturraumpotenzial, welches das Vermögen eines Naturraumes beschreibt, bergbauliche, agrarwirtschaftliche, forstwirtschaftliche oder meereswirtschaftliche Rohstoffe zu liefern. Das Rohstoffpotenzial ist vor allem von den naturräumlichen Gegebenheiten eines Raumes abhängig.

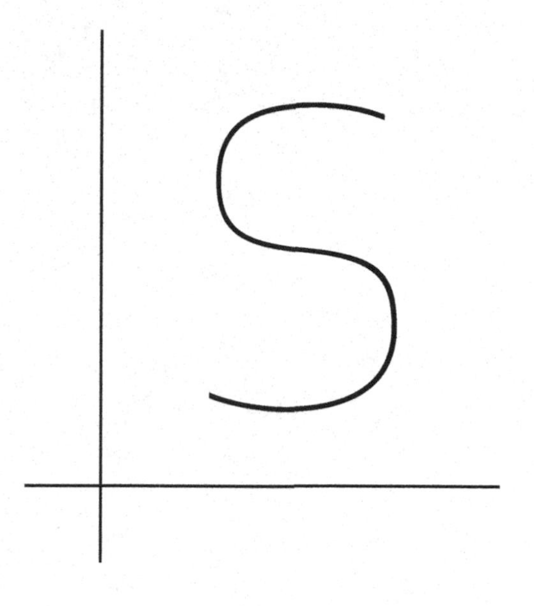

Springer Fachmedien Wiesbaden (Hrsg.), *222 Keywords Wirtschaftsgeografie*,
https://doi.org/10.1007/978-3-658-23652-6_15

Satisfizer

Behavioral Man; Menschenbild, das davon ausgeht, dass der Mensch nicht ökonomisch rational handelt, sondern sich entsprechend seinen Bedürfnissen und deren bestmöglichen Befriedigung verhält. Subjektive Empfindungen über den zur Bedürfnisbefriedigung empfundenen Aufwand spielen eine bedeutende Rolle; wird dieser als zu groß angesehen, bleibt das Bedürfnis unbefriedigt.

In der *verhaltensorientierten Wirtschaftsgeografie* wird das Menschenbild des Satisfizer dem Verhalten bei der Standortwahl unterstellt. Der Satisfizer verfügt dabei nur über begrenzte Information, eine stark eingeschränkte Vorstellung von seiner Umwelt und zu geringe Kapazitäten zur Informationsverarbeitung, um Vor- und Nachteile aller infrage kommenden Standorte gegeneinander aufzurechnen. Ferner wird die Standortwahl durch persönliche Präferenzen, subjektive Wertvorstellungen oder Zufälligkeiten erheblich beeinflusst (behaviouristische Standorttheorie). Im Ergebnis resultieren häufig ökonomisch suboptimale Standorte.

Segregation

1. *Begriff:* räumliche Trennung der Wohngebiete von sozialen (Teil-)Gruppen in einer Stadt oder Region. Der Grad der Segregation ist umso höher, je stärker die räumliche Verteilung der Wohnstandorte einer Gruppe von der Verteilung der Gesamtbevölkerung abweicht. Das Ghetto stellt die extreme Form der Segregation dar. Die Trennung der Wohngebiete bzw. -bevölkerung kann nach dem sozialen Status, nach demografischen Merkmalen wie Alter oder Stellung des Haushalts im Lebenszyklus, nach ethnischen, religiösen und/oder sprachlich-kulturellen Kriterien erfolgen.

2. *Ursachen:*

a) vom Individuum gewollte, freiwillige Segregation beruht auf der Bevorzugung einer gleichartigen sozialen Umgebung (Nachbarschaft) und dem bewussten Herstellen einer sozialen und zugleich räumlichen Distanz zu „fremden" Gruppen.

b) Unfreiwillige Segregation resultiert aus dem Wohnungsmarkt, der entsprechend den Bodenpreisen und der Mietzahlungsfähigkeit über die Bauform, Wohnungsdichte und Wohnumfeldausstattung räumlich unterschiedliche Wohngebiete schafft, und aus staatlich-planerischen Interventionen, die von der Zonierung durch die Bauleitplanung über die staatliche Infrastrukturstandortpolitik bis zu strukturellen Eingriffen in den Wohnungsmarkt (Mietpreisstopp, Wohngeld unter anderem) reichen können.

3. *Probleme:* Mit der Segregation sind in der Regel ungleiche Lebenschancen wie auch raum-zeitliche Zyklen der Unter- bzw. Überauslastung von sozialen Infrastruktureinrichtungen verbunden. Die Stadtplanung versucht daher, diese negativen Effekte durch eine gezielte Mischung der Bevölkerung zu mildern. Andererseits kann eine stärkere Segregation auch positive Wirkungen für die Bewahrung gruppenspezifischer Identität und Handlungsfähigkeit haben.

Sekundärenergie

Veredelte Primärenergie. Die Sekundärenergie wurde einem oder mehreren Umwandlungsprozessen unterworfen. Zu den so gewonnenen Sekundärenergie-Trägern gehören Steinkohlenkoks, Briketts, Mineralölerzeugnisse, Kokereigas, in Wärmekraftwerken erzeugter Strom etc.

Self Sustained Growth

Wirtschaftswachstum, das ohne Hilfe von außen entsteht. Der Nutzen von Entwicklungsstrategien in weniger entwickelten Ländern wird unter anderem am Zustandekommen von Self Sustained Growth gemessen.

Shift-Analyse

Shift-Share-Analyse; Beschreibungsmodell der Regionalforschung zur Analyse der Unterschiede in der Entwicklung zweier oder mehrerer (Teil-) Räume in einer bestimmten Zeitspanne, gemessen als Abweichung vom Wachstum des Gesamtraumes, sowie der quantitativen Bestimmung der für die relativen Entwicklungsgewinne bzw. -verluste maßgeblichen Ursachen. Die Shift-Analyse erfreut sich großer Beliebtheit – sowohl als Diagnose- als auch als Prognoseinstrument.

Anwendungen: Anwenden lässt sich die Shift-Analyse auf unterschiedlichste „Aktivitäten" wie z. B. auf die Entwicklung von Beschäftigten, Bruttoinlandsprodukt, Altersstruktur der Bevölkerung. Vielfach wird sie auch als Prognoseinstrument eingesetzt, indem die ermittelten Abweichungen im Entwicklungstempo auf die Zukunft projiziert werden. Dazu notwendig sind lediglich die Projektionsdaten des Gesamtraumes.

Siedlung

Menschliche Niederlassung. Dazu gehören die Behausungen als Wohn-, Arbeits-, Erholungs-, Kultstätten usw. in ihren Gruppierungen. Unterschieden wird nach der Benutzungsdauer einer Siedlung (z. B. temporäre Siedlung, saisonale Siedlung) sowie nach städtischen und ländlichen Siedlungen.

Slum

Elendsviertel; räumlich segregiertes Wohngebiet in urbanen Agglomerationen, das in der Regel als innerstädtisches Notquartier zu verstehen ist. Merkmale eines Slums sind Verfallserscheinungen der baulichen Substanz, niedrige Wohnstandards, schlechte Infrastruktur und ein hoher Anteil an Arbeitslosen, Sozialhilfeempfängern sowie Beschäftigten im informellen Sektor. Slums kommen vor allem in Entwicklungsländern als Auffangquartiere für städtische Zuwanderer vor dem Hintergrund zunehmender Landflucht vor. Doch auch in Industrieländern kann es als Folge des Brachfallens und der Verödung alter innerstädtischer Industrieanlagen zur Slumbildung kommen. Hier sind unattraktive Wohnlagen, z. B. in der Nähe von Eisenbahnarealen, Schlachthöfen, Autobahnen oder umweltbelastender Industrien, zu nennen. Steigende Arbeitslosigkeit und der Rückbau der Sozialleistungen in manchen Ländern verstärken diesen Prozess (Slums of Despair). Auch in sogenannten „ökologischen Nischen", z. B. überschwemmungsgefährdete Talniederungen und hangrutschgefährdete Areale innerhalb von Großstadtagglomerationen, kann es zur Elendsviertelbildung kommen. Der Begriff Slum beschränkt sich aber dabei auf bereits bestehende Bausubstanz, die stark an Wert verloren hat und sich deshalb einer formellen Nutzung entzieht.

Sowchose

Staatseigener landwirtschaftlicher Großbetrieb in der ehemaligen UdSSR. Die Sowchosen waren meist hochspezialisierte Produktionsbetriebe, vor allem für Getreideanbau und Viehwirtschaft. Die Beschäftigten der Sowchosen waren Lohnarbeiter, im Gegensatz zu den Genossenschaftsbauern der Kolchose. Die Sowchosen erreichten teilweise Größenordnungen von über 100.000 ha. In der gesamten UdSSR wurden ca. 60 Prozent der landwirtschaftlich genutzten Fläche durch Sowchosen bewirtschaftet.

Sozialgeografie

Wissenschaft von den räumlichen Organisationsformen und den raumbildenden Prozessen von menschlichen Gruppen und Gesellschaften. Die Sozialgeografie beschäftigt sich hauptsächlich mit den Grunddaseinsfunktionen. Durch die Konzentration auf soziale Sachverhalte stellt sie eine Ergänzung zur Wirtschaftsgeografie dar. Die Sozialgeografie ist bestrebt, die Kriterien für eine Auswahl der räumlichen Erscheinungen, deren Verbreitungsmuster sie analysiert, theoretisch aus sozialräumlichen Problemen und Raumplanungsfragen abzuleiten. Sie hat den Anspruch, alle für die Lösung eines Problems wichtigen Geofaktoren (Verkehr, Wirtschaft, Wohnen, Boden, Wasser etc.) zu integrieren (Kräftelehre).

Sozialökologie

Theoretischer Ansatz in der geografischen und soziologischen Stadtforschung, der als Teil der Humanökologie die Reaktion menschlicher Organismen auf die Umwelt untersucht. Unter Übertragung von Begriffen, Hypothesen und Methoden aus der (Bio-)Ökologie werden die räumlich-sozialen Verhaltens- und Organisationsweisen von Individuen oder Aggregaten von Individuen (z. B. Slumbewohner) als Wirkung sogenannter „ökologischer Variablen" der physischen wie sozialen räumlichen Umwelt (z. B. Boden, Klima, Lage, Flächennutzungsstruktur, Bevölkerungsdichte, Baustruktur, Stadtgröße, Technologie) aufgefasst.

Spin-off-Gründung

Gründung eines Unternehmens durch ehemalige Mitarbeiter eines Unternehmens (meist Manager oder Ingenieure) oder einer nicht-privaten Forschungseinrichtung (z. B. Universität), um im eigenen Unternehmen eine neue Idee oder Erfindung zu verwirklichen.

Stadt

Im Gegensatz zum Land bzw. ländlichen Raum größere, verdichtete Siedlung mit spezifischen Funktionen in der räumlichen Arbeitsteilung und politischen Herrschaft, abhängig von der gesellschaftlichen Organisation und Produktionsform. Als städtische Siedlungen gelten z. B. in der Bundesrepublik Deutschland laut amtlicher Statistik Gemeinden mit Stadtrecht ab 2.000 und mehr Einwohnern (Landstadt 2.000 - 5.000 Einwohner, Kleinstadt 5.000 - 20.000 Einwohner, Mittelstadt 20.000-100.000 Einwohner, Großstadt mehr als 100.000 Einwohner).

Stadtökologie

Interdisziplinärer Ansatz, der die Anpassung der Stadtentwicklung, des Städtebaus und der städtischen Lebensprozesse an die Erfordernisse ökologischer Verträglichkeit untersucht und konkrete Handlungsansätze für den ökologischen Stadtumbau entwickelt. Die Stadtökologie strebt die Vernetzung der Handlungsfelder Stadtwirtschaft, Stadttechnik, Stadtgestaltung, Verwaltung, Stadtpolitik und Umweltkommunikation an, um über „integrierte" Denk- und Vorgehensweisen neue Möglichkeiten des Planens und Handelns aufzuzeigen. Ihr Ziel ist die umweltorientierte Weiterentwicklung des modernen Städtebaus durch die Beachtung von ressourcensparenden, umweltschonenden und sich selbst regelnden Kreisläufen.

Stadtökonomik

Stadtökonomie, Urban Economics; Disziplin der Volkswirtschaftslehre, die durch die Anwendung der allgemeinen Mikroökonomik die wirtschaftlichen Zusammenhänge der standörtlichen Entscheidungen von Unternehmen, Haushalten und des öffentlichen Sektors in der Stadt einerseits und der Stadtgröße und Stadtstruktur andererseits untersucht. Das Ziel der ökonomischen Theorien und Modelle der Stadtökonomik ist die Erklärung des Verstädterungsprozesses (Urbanisierung) und des Stadtwachstums.

Gegenstand der Stadtökonomik sind die verschiedenen Phasen des Verstädterungsprozesses. Das *mikroökonomische Konzept* führt die Bewegungen des Verstädterungsprozesses auf Veränderungen der Standortentscheidungen von Haushalten, Unternehmen und Behörden zurück. Der *systemtheoretische Ansatz* betrachtet Städte als komplexe Systeme, die sich mit ihrer Umwelt in zumeist dauerhaften Spannungszuständen befinden.

Stadtplanung

1. *Begriff:* Zweckgerichtete, staatliche Einflussnahme auf die räumliche Ordnung und Gestaltung der gesellschaftlichen Organisation im Hoheitsgebiet einer Kommune. Stadtplanung ist keine rein technisch-städtebauliche Disziplin, sondern Teil einer umfassenden politischen Gesellschaftsplanung. Ihre Ziele und Mittel ergeben sich aus der jeweiligen politischen und gesellschaftlichen Verfassung. Die moderne Stadtplanung reguliert die Konkurrenz der privaten Standortwahl und Bodennutzungsinteressen und deren soziale und ökonomische Wirkungen mit dem Ziel der Beförderung des Allgemeinwohls. Dazu nimmt die kommunale Planung Einfluss auf die private Nutzung von Grund und Boden zur Sicherung der Funktionalität des Produktionsfaktors Boden hinsichtlich Nutzbarkeit, Verfügbarkeit, Zugänglichkeit, Ausstattung und Zuordnung.

2. *Aufgabenbereiche:*

(1) Festsetzung der langfristig gewünschten und mittelfristig zulässigen Flächennutzung;

(2) Bereitstellung von Transport- und technischen Ver- und Entsorgungssystemen sowie öffentlicher sozialer Infrastruktur (z. B. Schulen) zur Erschließung und Inwertsetzung der Flächennutzungen (kommunale Infrastrukturplanung);

(3) Kontrolle und Steuerung des Bauens durch Festsetzung von Baudichten und Bauweisen.

3. *Instrumente:*

a) *Rechtsvorschriften:* Grundlage ist das Baugesetzbuch (BauGB), das die Bauleitplanung, Bodenordnung, Erschließung, Enteignung, den Erlass bestimmter Bau-, Modernisierungsgebote unter anderem und die Durchführung von Sanierungs- und Entwicklungsmaßnahmen regelt, ergänzt durch Verordnungen wie z. B. Baunutzungs- und Wertermittlungsverordnung; daneben bilden gesetzliche Regelungen für sektorale Planungen (z. B. Verkehr, Natur-, Immissionsschutz), Landesbauordnungen und kommunale Satzungen (z. B. Gestaltungssatzungen) weitere Rechtsgrundlagen.

b) *Informative Instrumente:* Pläne und Konzepte zur Steuerung des Verhaltens privater Investoren und zur verwaltungsinternen Koordination; teils sind Pläne rechtlich vorgeschrieben (so die beiden Planarten der Bauleitplanung, der Flächennutzungsplan und der Bebauungsplan), teils rechtlich zugelassen (z. B. Stadtentwicklungspläne, sektorale Pläne wie der Generalverkehrsplan), teils informeller Natur (z. B. Stadtteilentwicklungspläne).

4. *Organisation der Stadtplanung:*

a) *Planende Verwaltung:* Die Zuständigkeiten verteilen sich auf eine Reihe von Ämtern der Bauverwaltung wie auch anderer kommunaler Teilverwaltungen; besondere Stadtplanungsämter als Teil der Bauverwaltung gibt es nur in größeren Städten.

b) *Beteiligte:* Übergeordnete Bundes- und Landesbehörden sowie eine Vielzahl halböffentlicher und privater Institutionen („Träger öffentlicher Belange").

c) *Politische Gremien:* Entscheidungen über die Bauleitplanung, Ortssatzungen und kommunalen Investitionen trifft der Stadt- bzw. Gemeinderat; in einigen Städten haben Orts- bzw. Bezirksbeiräte ein Mitentscheidungsrecht.

d) *Institutionalisierte Bürgerbeteiligung:* Seit dem Städtebauförderungsgesetz von 1971 gesetzlich im BauGB vorgesehene und regulierte formale Mitwirkung planungsbetroffener Bürger.

Stadtregion

In der Bundesrepublik Deutschland angewandtes Modell zur Abgrenzung und Gliederung von großstädtischen Agglomerationen (Verdichtungsräume, Stadt). Als Kriterien gelten eine Mindestgröße der gesamten Stadtregion (ab 80.000 Einwohner) und für die einzubeziehenden Gemeinden eine bestimmte Höhe der Einwohner-Arbeitsplatzdichte (> 250 je km^2), der Agrarquote (< 50 Prozent) und des in das Kerngebiet auspendelnden Erwerbspersonenanteils (25 Prozent). Über Schwellenwerte der letzten drei Merkmale wird die Stadtregion untergliedert in vier Ringe (Zonen): Kernstadt, Ergänzungsgebiet, Verstädterte Zone und Randzone.

Standort

1. *Allgemeine Geografie:* Vom Menschen für bestimmte Nutzungen ausgewählter Platz bzw. Raumstelle, an denen unterschiedliche wirtschaftliche, soziale und/oder politische Gruppen im Raum agieren.

2. *Wirtschaftsgeografie:*

a) *Äußerer Standort:* Geografischer Ort, an dem ein Wirtschaftsbetrieb aktiv ist, d. h. Güter erstellt oder verwertet.

b) *Innerbetrieblicher Standort:* Räumliche Lage der einzelnen Teile einer Unternehmung, eines Betriebs bzw. einer Abteilung zueinander und ihre möglichst optimale Zuordnung.

Standortallokationsmodelle

Räumliche Modelle, die verwendet werden, um bei gegebenem Wegenetz und Kosten die optimale Lage und Kapazität von Angebotsstandorten bei gegebener Lage und Größe der Nachfragestandorte oder umgekehrt zu ermitteln. Das Ziel besteht in der räumlichen Zuordnung von Angebots- und Nachfragestandorten, sodass die Investitions- und Transportkosten auf der Basis einer gemeinsamen Recheneinheit minimiert werden.

Standortdreieck

Modell zur Lokalisation des transportkostenminimalen Produktionsstandortes (tonnenkilometrischer Minimalpunkt) in einem Dreieck, das aus Konsumort und zwei Materialfundorten gebildet wird (Industriestandortheorie von Weber). Die Bestimmung des Transportkostenminimalpunktes kann geometrisch (Kräfteparallelogramm) oder mechanisch (mittels des Varignon'schen Apparates) erfolgen.

Standortfaktoren

Maßgebliche Determinante der Standortwahl. Standortfaktoren sind die variablen standortspezifischen Bedingungen, Kräfte, Einflüsse etc., die sich positiv oder negativ auf die Anlage und Entwicklung eines Betriebs auswirken; sie sind als wirtschaftliche Vor- und Nachteile zu begreifen, die aus dem Niederlassen eines Unternehmens an einem bestimmten Standort resultieren.

Dimensionen: Standortfaktoren stellen sich zum einen als *Standortbedürfnis* dar, d. h. aus Sicht der Anforderungen, die ein Unternehmen an einen potenziellen Standort stellt. Daneben charakterisieren Standortfaktoren die *Standortqualität*, d. h. das räumliche Auftreten der Standortfaktoren in unterschiedlichen Kombinationen und Ausprägungen.

Systematisierung: Standortfaktoren lassen sich nach mehreren Kriterien systematisieren, wobei Überschneidungen auftreten können:

(1) *Zugehörigkeit zur Leistungserstellung:* Beschaffungs-, produktions- und absatzbezogene Standortfaktoren.

(2) *Grad der monetären Quantifizierbarkeit:* Harte Standortfaktoren schlagen sich unmittelbar in Kosten nieder; weiche Standortfaktoren lassen sich nicht unmittelbar in Kosten-Nutzen-Analysen quantifizieren, sondern stellen eine selektive Clusterung all der Faktoren dar, die auf dem individuellen Raumempfinden der Menschen in ihrer Lebens- und Arbeitswelt basieren.

(3) *Maßstabsebene:* Geht man von einer internationalen Standortwahl aus, muss zunächst ein Land bestimmt werden, in welchem die Ansied-

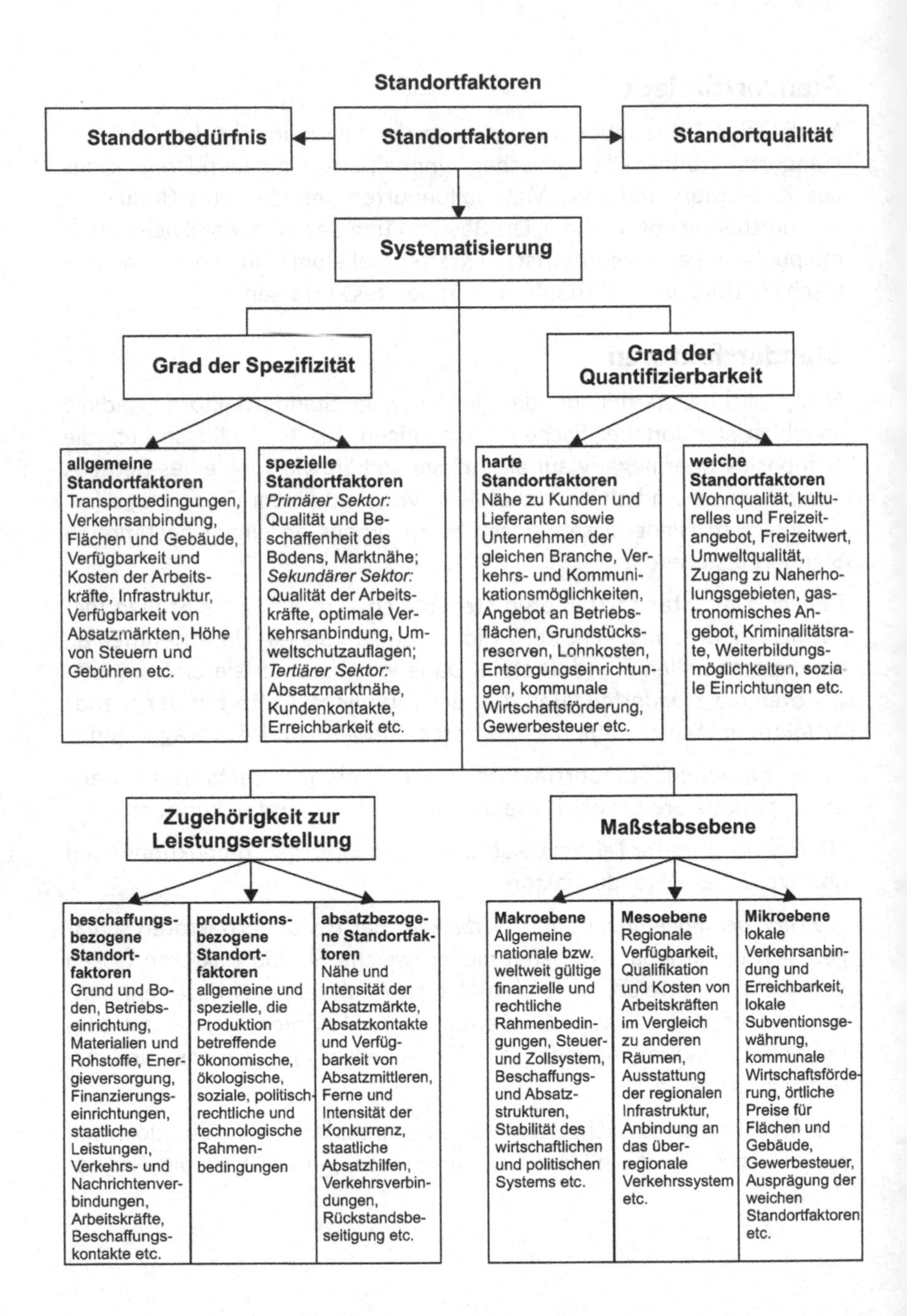
Standortfaktoren
Standortbedürfnis
Standortfaktoren
Standortqualität
Systematisierung
Grad der Spezifizität
Grad der Quantifizierbarkeit
allgemeine Standortfaktoren
Transportbedingungen, Verkehrsanbindung, Flächen und Gebäude, Verfügbarkeit und Kosten der Arbeitskräfte, Infrastruktur, Verfügbarkeit von Absatzmärkten, Höhe von Steuern und Gebühren etc.
spezielle Standortfaktoren
Primärer Sektor: Qualität und Beschaffenheit des Bodens, Marktnähe; Sekundärer Sektor: Qualität der Arbeitskräfte, optimale Verkehrsanbindung, Umweltschutzauflagen; Tertiärer Sektor: Absatzmarktnähe, Kundenkontakte, Erreichbarkeit etc.
harte Standortfaktoren
Nähe zu Kunden und Lieferanten sowie Unternehmen der gleichen Branche, Verkehrs- und Kommunikationsmöglichkeiten, Angebot an Betriebsflächen, Grundstücksreserven, Lohnkosten, Entsorgungseinrichtungen, kommunale Wirtschaftsförderung, Gewerbesteuer etc.
weiche Standortfaktoren
Wohnqualität, kulturelles und Freizeitangebot, Freizeitwert, Umweltqualität, Zugang zu Naherholungsgebieten, gastronomisches Angebot, Kriminalitätsrate, Weiterbildungsmöglichkeiten, soziale Einrichtungen etc.
Zugehörigkeit zur Leistungserstellung
Maßstabsebene
beschaffungsbezogene Standortfaktoren
Grund und Boden, Betriebseinrichtung, Materialien und Rohstoffe, Energieversorgung, Finanzierungseinrichtungen, staatliche Leistungen, Verkehrs- und Nachrichtenverbindungen, Arbeitskräfte, Beschaffungskontakte etc.
produktionsbezogene Standortfaktoren
allgemeine und spezielle, die Produktion betreffende ökonomische, ökologische, soziale, politisch-rechtliche und technologische Rahmenbedingungen
absatzbezogene Standortfaktoren
Nähe und Intensität der Absatzmärkte, Absatzkontakte und Verfügbarkeit von Absatzmittleren, Ferne und Intensität der Konkurrenz, staatliche Absatzhilfen, Verkehrsverbindungen, Rückstandsbeseitigung etc.
Makroebene
Allgemeine nationale bzw. weltweit gültige finanzielle und rechtliche Rahmenbedingungen, Steuer- und Zollsystem, Beschaffungs- und Absatzstrukturen, Stabilität des wirtschaftlichen und politischen Systems etc.
Mesoebene
Regionale Verfügbarkeit, Qualifikation und Kosten von Arbeitskräften im Vergleich zu anderen Räumen, Ausstattung der regionalen Infrastruktur, Anbindung an das überregionale Verkehrssystem etc.
Mikroebene
lokale Verkehrsanbindung und Erreichbarkeit, lokale Subventionsgewährung, kommunale Wirtschaftsförderung, örtliche Preise für Flächen und Gebäude, Gewerbesteuer, Ausprägung der weichen Standortfaktoren etc.

lung erfolgt (Makroebene), dann die Region (Mesoebene) und innerhalb dieser eine Gemeinde (Mikroebene).

(4) *Grad der Spezifität:* Allgemeine Standortfaktoren mit branchenübergreifender Bedeutung, spezielle Standortfaktoren mit sektorspezifischer Bedeutung (vgl. Abbildung „Standortfaktoren").

Standortprodukte

Produkte, die über eine generell vereinbarte (genormte) Mindestqualität verfügen. Wandlungen konzentrieren sich auf Mengen, Preise und Zeiten. Standortprodukte können warenbörslich gehandelt werden.

Standortspaltung

Dezentralisierung des betrieblichen Leitungsvollzugs an mehreren Standorten, z. B. Produktions-, Verwaltungs- bzw. Verkaufszentren.

1. *Gründe:*

(1) Heterogenität des betrieblichen Leistungsprogramms,

(2) großer Mengenabsatz je Zeiteinheit,

(3) Ausdehnung des betrieblichen Absatzgebietes,

(4) Ausdehnung des betrieblichen Beschaffungsgebietes und

(5) räumliche Differenzierung der Kreditverhältnisse oder der Kosten der staatlichen Verbandsleistungen.

2. *Vorteile:* Durch Zerlegung des Gesamtbetriebes in räumlich getrennte und verschieden große Teilbetriebe können Standortgebundenheiten und Standortvorteile für einzelne Teilprozesse berücksichtigt und somit für den betrieblichen Gesamtprozess die optimalen Standortbedingungen realisiert werden.

Standorttheorie

1. *Allgemeine Geografie:* Erklärung des Standorts einer Tätigkeit oder Funktion durch normativ-deduktive Theorien, Handlungs- oder Verhaltenstheorien.

2. *Wirtschaftsgeografie:*

a) *Begriff:* Theorie zur Erklärung der räumlichen Verteilung von Wirtschaftsbetrieben.

b) *Typen:*

(1) Einzelwirtschaftliche bzw. betriebswirtschaftlich ausgerichtete Standorttheorien ermitteln den optimalen Standort für einen zusätzlichen Einzelbetrieb (z. B. Industriestandorttheorie).

(2) Gesamtwirtschaftliche bzw. volkswirtschaftlich ausgerichtete Standorttheorien beschäftigen sich mit der optimalen räumlichen Struktur aller wirtschaftlichen Aktivitäten in einem bestimmten Gebiet (z. B. Theorie der zentralen Orte, Theorie der Marktnetze, Thünen- Modell).

Standortwahl

Auswahl einer nach verschiedenen volks- und betriebswirtschaftlichen Kriterien (Standortfaktoren) analysierten und bewerteten Gewerbefläche bzw. Ansammlung von Gewerbeflächen durch ein Unternehmen (Standortplanung) für eine Gründung, Ansiedlung oder Verlagerung z. B. eines Industrieoder Gewerbebetriebes. Das Standortwahlverhalten ist entscheidend bestimmt von den spezifischen Standortanforderungen, den Handlungsressourcen und der selektiven Raumkenntnis des Unternehmens bzw. der Entscheidungsträger. Die Standortentscheidung ist zudem unter der Bedingung der Ungewissheit zukünftiger Entwicklungen zu treffen. Daher werden bei der realen Standortsuche nicht alle möglichen Alternativen einbezogen, sondern es wird in der Regel jener unter den bekannten Standorten gewählt werden, der die Handlungsziele oder Erwartungen des Entscheidungsträgers am ehesten befriedigt (Menschenbild des Satisfizers). Dabei können ökonomische wie nicht-ökonomische (persönliche, freizeitbezogene, kulturelle etc.) Kriterien wie auch die individuelle Risikobereitschaft standortwirksam werden. In dem räumlich hierarchischen Suchprozess werden zudem unterschiedliche Bewertungsmaßstäbe angelegt, je nachdem, ob der nationale bzw. regionale Makrostandort ausgewählt oder der lokale, innerstädtische Mikrostandort fixiert wird.

Steuerungszentrale

Standort, von dem aus andere Orte und Regionen Entscheidungsimpulse, Handlungsanweisungen und Informationen erhalten und in ihrer Entwicklung kontrolliert werden. In Steuerungszentralen sind vor allem Organe und Institutionen angesiedelt, welche mit der Steuerung, Planung, Lenkung und Kontrolle von Wirtschaft und globaler Politik betraut sind (Global City, Metropolregion, Metropole). Hinzu kommen Einrichtungen für Handel, Verkehr und Kommunikation.

Stressfaktor

Begriff aus der verhaltensorientierten Wirtschaftsgeographie, der Standortunzulänglichkeiten unternehmerischen Handelns bezeichnet. Es lassen sich zwei Formen von Stressfaktoren unterscheiden:

(1) Standortinterne Stressfaktoren, die fehlende Expansionsmöglichkeiten, die Überalterung von Produktionsanlagen, schlechte örtliche Verkehrsverhältnisse und Umweltschutzauflagen sein können;

(2) standortexterne Stressfaktoren, welche auf regionaler, nationaler und supranationaler Ebene auftreten, z. B. Konjunktureinbrüche, technologische Umwälzungen oder die Konkurrenz neuer Wettbewerber auf dem Markt.

Stressfaktoren sind als Stimuli potenzieller unternehmerischer Anpassungshandlungen aufzufassen. Ihr Erkennen ruft eine Reaktion des betroffenen Unternehmens hervor. Das Spektrum dieser Reaktionen reicht von standorterhaltenden Maßnahmen bis hin zur Standortverlagerung, Standortspaltung und Liquidation eines Unternehmens.

Strukturschwacher Raum

Hinter der allgemeinen Entwicklung zurückgebliebener Raum mit ungünstigen Strukturmerkmalen. Zumeist handelt es sich um ländliche Räume oder altindustrialisierte Problemgebiete (Altindustrieregion, Peripherie). Strukturverbesserungen sollen mit Maßnahmen der Raumordnungspolitik erreicht werden. Der aus der Raumordnung und Raumplanung stammende Begriff hat sich im heutigen Sprachgebrauch durchgesetzt, obwohl die Bezeichnung „strukturschwach" eine unglückliche Formulierung darstellt.

Suburbanisierung

In hoch industrialisierten Ländern die aus der Stadtflucht resultierende Expansion der Städte in ihr Umfeld und die damit einhergehende intraregionale Verschiebung des Wachstumsschwerpunktes aus dem Kernbereich einer Stadt (Zentrum) in das städtische Umland bzw. den suburbanen Raum (Suburbia). Gemessen wird die Suburbanisierung durch die Zunahme des Anteils von Bevölkerung und Beschäftigung im Umland bzw. Beschäftigung des Verdichtungsraums und Abnahme der entsprechenden Anteile in der Kernstadt. Der suburbane Teil des Verdichtungsraumes kann innerhalb der kommunalen Grenzen der Kernstadt liegen, erstreckt sich in der Regel jedoch auf benachbarte Gemeinden (Vororte) und Kreise. Seine äußere Grenze ist nicht exakt zu definieren. Neben physiognomischen Kriterien (verdichtete Wohngebiete) sind vor allem solche der funktionalen Verflechtung mit den Arbeitsplätzen bzw. Betrieben der Kernstadt geeignet (Tages-Pendlerzone, Pendler). Allerdings löst sich diese eindeutige Verflechtungsorientierung mit wachsender Suburbanisierung von Betrieben des sekundären und tertiären Sektors immer stärker auf. Suburbanisierung kann zu verschiedenen raumplanerischen Stadt-Umland-Problemen (z. B. zunehmende Verkehrsbelastung durch Pendelwanderung) sowie zum Verlust von Steuerungsfähigkeit und Funktionen der Kernstadt führen. Dem sollen attraktivitätssteigernde Maßnahmen des Stadtmarketings entgegensteuern.

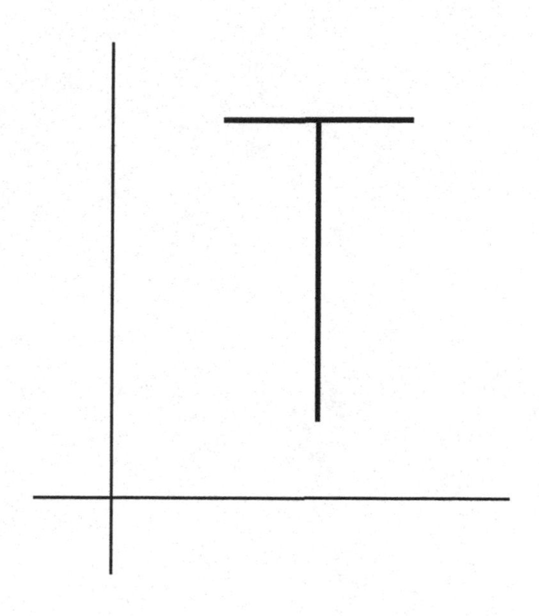

Springer Fachmedien Wiesbaden (Hrsg.), *222 Keywords Wirtschaftsgeografie*,
https://doi.org/10.1007/978-3-658-23652-6_16

Technologiepark

Einrichtung zur Ansiedlung technologie- und forschungsintensiver Unternehmen. In der Regel ist der Technologiepark eine hochschulnahe Standortgemeinschaft und verfügt häufig über eine gemeinsam nutzbare Infrastruktur (z.B. zentrale Dienste wie Poststelle, Besprechungsräume, EDV-Anlagen, Management-Beratung). Die Trägerschaft kann öffentlich-rechtlicher oder privater Natur sein. Durch Kontakte zu Hochschulen erhalten auch kleinere Unternehmen Zugang zu forschungsgestützter Beratung und wissenschaftsorientierter Kooperation.

Thünen-Modell

1. *Begriff:* Von J. H. v. Thünen 1826 begründete Theorie zur Erklärung der räumlichen Differenzierung der Art und Intensität landwirtschaftlicher Nutzungen; ältester Ansatz der Standortstrukturtheorie. Die Herleitung landwirtschaftlicher Nutzungen erfolgt nicht wie in der geografischen Tradition nur aus den natürlichen, sondern primär aus den ökonomischen Faktoren.

2. *Modellbeschreibung:* Zentraler Bestandteil des Thünen-Modells ist die Lagerente, d.h. der von der räumlichen Distanz zum Marktort abhängige Ertragsanteil. Unter Berücksichtigung bestimmter Rahmenbedingungen (homogene Fläche, Gewinnmaximierung, sich zur Distanz zwischen agrarwirtschaftlichem Produktions- und Marktort linear entwickelnde Transportkosten) ergibt sich bei der Betrachtung nur eines Gutes, dass - weil sie die Transportkosten selbst tragen - diejenigen Bauern den größten Gewinn erzielen, die in der Nähe der Stadt angesiedelt sind. Wenn alle Landwirte das Bestreben haben, in der Nähe der Stadt zu produzieren, wird dieser Boden wegen der gestiegenen Nachfrage teurer und entsprechend steigen dort die Produktionskosten. Bei nur einem Produkt würde diese Konstellation konsequenterweise dazu führen, dass in Stadtnähe die intensivste Bodenbearbeitung anzutreffen ist. Da von Thünen aber die räumliche Differenzierung von unterschiedlichen Nutzungen erklären will, gibt es kein zwingendes Intensitätsgefälle von der Stadt bis zum Rand des Raumes. Eine Differenzierung der Nutzungsart und der Intensität dieser Nutzungen kommt durch die Transportrate und -anfälligkeit der verschiedenen Produkte zustande,

die sich aus dem Verhältnis von Preis und Gewicht und aus der Haltbarkeit der Produkte ergibt.

Von Thünen kommt so zur Ableitung verschiedener Nutzungsringe *(Thünensche Ringe)*, die sich um die Stadt legen:

(1) *Freie Wirtschaft:* In diesem Ring werden sowohl leicht verderbliche Güter (Milch, Gemüse und andere Gartenbauerzeugnisse) als auch transportkostenempfindliche Produkte (Heu, Stroh, Speisekartoffeln und Rüben) produziert. Die in diesem Ring betriebene Landwirtschaft ist in der Regel sehr intensiv.

(2) *Forstwirtschaft:* Begründet durch die hohen Transportkosten und die relativ niedrigen Holzpreise ist im Ring 2 die Forstwirtschaft angesiedelt, gekennzeichnet durch extensive Bewirtschaftung.

(3) *Fruchtwechselwirtschaft* mit Fruchtwechsel zwischen Blatt- und Halmfrucht.

(4) *Koppelwirtschaft* mit Wechsel von Acker- und Weidenutzung.

(5) *Dreifelderwirtschaft* mit Brachezeiten. Die Bewirtschaftungsintensität nimmt von Ring 3 zu Ring 5 ab.

(6) *Viehzucht:* Die Produkte der Viehzucht (Fleisch, Häute, Butter) zeichnen sich durch relativ geringe Transportkosten aus und stellen eine relativ extensive Nutzungsform dar. Daneben hat von Thünen in diesem Ring noch andere überaus intensive Nutzungen lokalisiert, wie z. B. den Flachs- und Tabakanbau und die Produktion von Sämereien, deren Vorkommen ebenfalls auf niedrige Transportkosten zurückzuführen ist. Der letzte Ring ist kein Ring im eigentlichen Sinn mehr, sondern beschreibt die „kultivierbare Wildnis", die kultiviert werden kann, wenn die Marktsituation es erlaubt.

3. *Kritik und Würdigung:* Die Kritik an von Thünen richtet sich in erster Linie gegen die restriktiven Prämissen des Modells, das die komplexe Wirklichkeit landwirtschaftlicher Bodennutzung nicht vollends zu erklären vermag (z.B. homogene Fläche mit denselben Klimaverhältnissen und Transportbedingungen überall sowie der gleichen Bodenart, Streben der Landwirte nach Gewinnmaximierung, sich linear entwickelnde Transportkosten). Fraglich ist, ob von Thünens empirisch ermittelte Zonierung der

Bodennutzung Allgemeingültigkeit besitzt. Überprüfungen von Art und Intensität der Landnutzung im Europa des 19. und frühen 20. Jahrhunderts ergaben tatsächlich landwirtschaftliche Nutzungssysteme, die sich aus der räumlichen Lage zu den urban-industriellen Nachfragezentren ergaben. Für die Agrarräume der heutigen Industriegesellschaften hat die Erklärungskraft des Thünen-Modells jedoch stark nachgelassen. Sinkende Transportkosten, moderne Konservierungsmöglichkeiten und staatliche Agrarsubventionen haben zu Veränderungen der Lagerentenkurven und damit der räumlichen Struktur der Bodennutzung geführt und so zur Verzerrung der Thünenschen Ringe beigetragen. Dennoch lassen sich in der Intensität landwirtschaftlicher Bodennutzung auch heute noch gewisse Unterschiede zwischen zentrumsnahen und -fernen Flächen beobachten. So weist z.B. das zentrumsnahe Umfeld großer Siedlungs- und Verdichtungsräume noch nennenswerte Flächenanteile mit Intensiv- und Sonderkulturen (vor allem Gemüse- und Gartenbaukulturen) auf. Von Thünens Grundthese, die Lagerente bedinge eine räumliche Differenzierung in der Form und Intensität der agrarwirtschaftlichen Bodennutzung, bleibt bis heute unangetastet.

Tigerstaaten

Drachenstaaten; die asiatischen ehemaligen Schwellenländer und jetzigen Industrieländer Südkorea, Taiwan und Singapur bzw. das Sonderwirtschaftsgebiet Hongkong. Die gemeinsamen Merkmale dieser Länder sind ein hohes Wirtschaftswachstum, ein dynamischer Industrialisierungsprozess aufgrund der staatlich geförderten Strategie der Exportorientierung (exportorientierte Industrialisierung) sowie ein rasch zunehmendes Pro-Kopf-Einkommen. Dabei wird die Integration in die Weltwirtschaft durch Nutzung komparativer Vorteile angestrebt.

Die Tigerstaaten wurden auch *Newly Industrialized Countries (NIC)* genannt, da sie an der Schwelle vom Entwicklungsland zum Industrieland standen.

Länder, welche dem Entwicklungskonzept der Tigerstaaten bzw. NIC erfolgreich nacheifern, aber noch nicht deren wirtschaftliches Niveau erreicht haben, wie z.B. die Jaguar-Staaten in Lateinamerika (vor allem Mexiko und Chile), werden als *Newly Industrializing Economies (NIE)* bezeichnet.

Tourismusgeografie

Zweig der Wirtschaftsgeografie, der sich mit der Raumwirksamkeit des Fremdenverkehrs beschäftigt. Untersuchungsgegenstände sind vor allem die Prozess- und Strukturanalyse von Räumen (Destinationen, Durchreise- und Quellgebiete des Tourismus), welche unter Einfluss verschiedener Formen des Fremdenverkehrs stehen, sowie die sozialgruppenspezifische Ausprägung des Fremdenverkehrs in regionaler Differenzierung mit unterschiedlichen Arten der Raumprägung. Als Datengrundlage wird die amtliche Reiseverkehrsstatistik herangezogen. Unter Ausklammerung des berufsbedingten Fremdenverkehrs wird die Tourismusgeografie aufgrund von Überschneidungen zwischen freizeitorientiertem Fremdenverkehr und anderen Ausprägungen des Freizeitverhaltens der umfassenderen Freizeitgeografie zugeordnet.

Transformationsländer

Staaten, in deren Volkswirtschaften ein Systemwechsel vollzogen wird. Die ehemaligen Warschauer-Pakt-Staaten (Ostblock) und China sind von einer zuteilungsorientierten (Zentralverwaltungswirtschaft) zu einer Wirtschaftsordnung der Marktwirtschaft übergegangen.

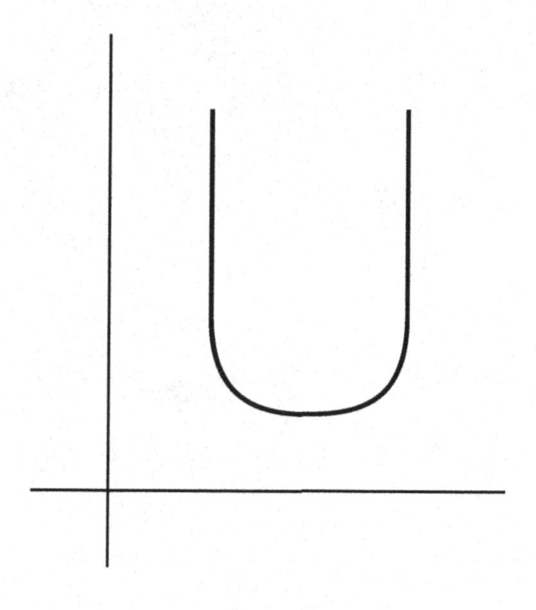

Springer Fachmedien Wiesbaden (Hrsg.), *222 Keywords Wirtschaftsgeografie*,
https://doi.org/10.1007/978-3-658-23652-6_17

Urbanisierung

Prozess der Ausbreitung und Diffusion städtischer Lebens- und Verhaltensweisen, wie z. B. Haushaltsstrukturen, Konsummuster, berufliche Differenzierung, Wertvorstellungen der Stadtbewohner, und die daraus resultierenden Raumstrukturen. Im Vergleich zum Begriff der Verstädterung, der nur auf demografische und siedlungsstrukturelle Aspekte abstellt, beinhaltet die Urbanisierung zusätzlich sozialpsychologische und sozioökonomische Komponenten. Durch ausgeprägte Land-Stadt-Wanderungen, natürliches Bevölkerungswachstum und Eingemeindungen kommt es zur raschen Einwohnerzunahme im Verdichtungsraum. Von der Entwicklung der baulichen Infrastruktur aus betrachtet drückt sich Urbanisierung als Landschaftsverbrauch aus und limitiert in den überbauten Gebieten das Leistungsvermögen des Landschaftshaushaltes erheblich. Belastungen und Gefährdungen der Umwelt können die Folge sein.

Urbanisierungsvorteile

Urbanization Economics; Teil der externen Ersparnisse (Agglomerationseffekte), der sich aus der räumlichen Konzentration von (nicht branchengleichen) Betriebs-, Haushalts- und Infrastrukturstandorten aufgrund der Größe des Absatz- und Arbeitsmarktes, der Informations- und Kontaktdichte und der Größe und Vielfalt der teils unentgeltlich genutzten Infrastruktur (Verstädterungsvorteile) ergibt. Die positiven Ersparnisse können verringert oder durch negative Ersparnisse in Form von wachsendem Transport(zeit)aufwand und höheren Bodenpreisen, Abgaben und Steuern oder Umweltbelastungen aufgehoben werden.

Verdichtungsraum

Ballungsraum, Conurbation; nicht einheitlich definierter städtischer Agglomerationsraum von überdurchschnittlicher Größe (500.000, zum Teil auch 1 Mio. Einwohner als Mindestgröße) und Dichte der Bevölkerung, der Wirtschaftsaktivitäten und der Infrastruktur, bestehend aus mehreren politisch-administrativen Einheiten. Zur Definition wie zur inneren Gliederung (z. B. Kernstadt - Umland) werden sowohl städtebaulich-morphologische wie auch demografische, ökonomische, ökologische und Verflechtungsmerkmale verwandt. In der Bundesrepublik Deutschland hat die Ministerkonferenz für Raumordnung (1993) Verdichtungsräume über eine Einwohner-Arbeitsplatzdichte (mehr als 330 je km^2) und Mindestwerte abgegrenzt: 150.000 Einwohner, 100 km^2 Fläche und eine Einwohnerdichte von 1.250 je km^2.

Verhaltensorientierte Wirtschaftsgeografie

Forschungsansatz in der Wirtschaftsgeografie, der sich vor allem mit den einer Entscheidung vorausgehenden Prozessen der Wahrnehmung und Bewertung von Informationen über die räumliche Umwelt durch Individuen oder Gruppen beschäftigt. Dabei handelt es sich um das Spatial Behavior, d. h. das aktivitätsneutrale Verhalten gegenüber dem Raum. Diesem folgt das Behavior in Space, d. h. das unmittelbar raumwirksame und beobachtbare Verhalten im Raum.

Verkehrsgeografie

Zweig der Wirtschaftsgeografie, der die Rolle des Transports im Wirtschaftsraum untersucht, die Verkehrsarten, die räumlichen Muster der Verkehrswege und der Bewegungen von Gütern, Personen und Nachrichten sowie die Bedeutung des Verkehrs für die wirtschaftsräumliche Entwicklung beschreibt und erklärt. Zu den zentralen Tätigkeiten der Verkehrsgeografie gehört die Analyse des Verkehrswegenetzes und der Verkehrsströme sowie die Analyse der Funktion der gebietlichen Versorgung mit Transporteinrichtungen für die wirtschaftsräumliche Entwicklung.

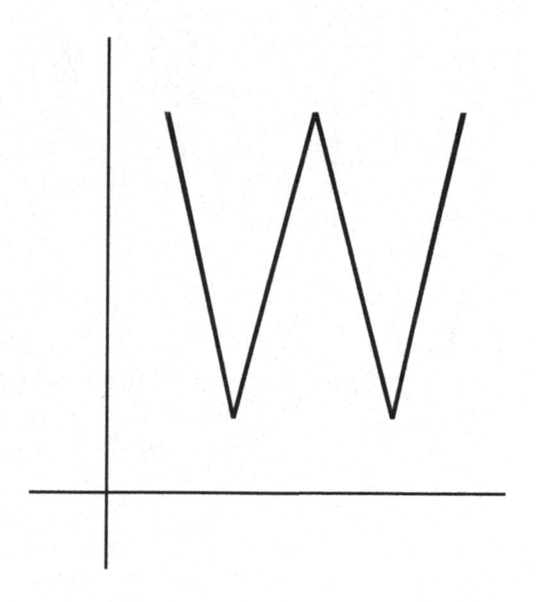

Springer Fachmedien Wiesbaden (Hrsg.), *222 Keywords Wirtschaftsgeografie*,
https://doi.org/10.1007/978-3-658-23652-6_18

Wachstumsdeterminanten

1. *Begriff:* Faktoren, die in einer Region das wirtschaftliche Wachstum (verstanden als die Erhöhung des realen Einkommens mittels der Erhöhung des potenziellen Outputs und der potenziellen Nachfrage) beeinflussen. Sie können zur Erklärung von ungleicher Entwicklung und regionalen Disparitäten dienen.

2. *Arten:*

a) *Interne Wachstumsdeterminanten,* die auch in einer geschlossenen Region ohne Austauschbeziehungen mit anderen Regionen zur Geltung kommen würden. Als Faktoren für ein derartiges autochthones Wachstum werden angeführt: Technischer Fortschritt, Raumstruktur (vor allem der Grad der Agglomeration), Sektoralstruktur (vor allem der Grad der Industrialisierung), Infrastruktur, politisches und soziales System.

b) *Externe Wachstumsdeterminanten,* die von außen auf eine mit anderen Regionen vernetzte Region wirken. Hierzu gehören die interregionalen Faktorwanderungen von Arbeit, Kapital und technischem Wissen, wobei eine Zuwanderung wachstumsfördernd, eine Abwanderung wachstumshemmend ist. Weiterhin gibt es interregionale Güter- und Dienstleistungsbewegungen, wobei nicht genau gesagt werden kann, ob sie eher fördernd oder hemmend wirken. Der Import von Gütern kann in einer arbeitsteiligen Wirtschaft auf eine starke Spezialisierung der Region deuten oder diese fördern, der Export von Gütern deutet auf eine starke externe Nachfrage. Ausprägung und Richtung externer Wachstumsdeterminanten werden maßgeblich von der Art und Menge der internen Wachstumsdeterminanten der jeweiligen Region beeinflusst. In offenen Regionen wird Wachstum somit aus dem Zusammenwirken interner und externer Faktoren erklärt.

Wachstumspol

Räumlich bestimmbare motorische Einheit. Von einem Wachstumspol gehen Ausbreitungseffekte auf sein Hinterland aus, die dessen Wirtschaftswachstum positiv beeinflussen. Als Wachstumspol werden häufig Städte betrachtet, die die oberen Ränge in der zentralörtlichen Hierarchie belegen.

Wachstumspoltheorie

Regionale Wachstumstheorie, welche die ungleiche Entwicklung von verschiedenen Räumen beschreibt und erklärt. Sie ist aus einer Kritik an den neoklassischen Gleichgewichtstheorien entstanden, besonders an deren wenig realitätsnaher Annahme der vollständigen Konkurrenz und deren mechanistischer Sichtweise.

Wahrnehmungsraum

Raum, den soziale Gruppen wahrnehmen und in dem sie in aller Regel handeln. Der Wahrnehmungsraum kann mittels Mental Maps ermittelt werden. Er ist häufig identisch mit dem Aktionsraum.

Welthandel

Gesamtheit des Außenhandels aller Staaten der Erde. Statistisch sind alle Güter, die durch Ausfuhr bzw. Einfuhr Staatsgrenzen passieren, Bestandteil des Welthandels. Der Welthandel umfasst aber neben dem reinen Warenverkehr auch den Dienstleistungs- und Kapitalverkehr. Die Ergebnisse des Welthandels werden in der Zahlungsbilanz eines Landes deutlich.

Weltwirtschaftsgeographie

Teil der Wirtschaftsgeographie, der sich vornehmlich mit den weltweiten wechselseitigen Verflechtungen der Weltwirtschaft und deren Rahmenbedingungen beschäftigt. Zentraler Forschungsgegenstand der Weltwirtschaftsgeographie ist die durch die internationale Arbeitsteilung zunehmende räumliche Differenzierung der Güterproduktion und des Welthandels mit ihren geographischen Auswirkungen.

Weltwirtschaftsraum

Der globale Wirtschaftsraum, in dem sich die Gesamtheit der volkswirtschaftlichen Aktivitäten unter Nutzung der internationalen Wirtschaftsbeziehungen raumdifferenziert darstellt. Durch die Zunahme der Internationalisierung der Wirtschaft und der Globalisierung der Märkte kommt dem Weltwirtschaftsraum immer größere Bedeutung zu.

Wirtschaftsformation

Zusammenhang zwischen physiognomischen und funktionalen Faktoren einer Wirtschaftslandschaft. Eine Wirtschaftsformation beschreibt das spezifische räumliche Anordnungsmuster der zu einem Wirtschaftszweig gehörenden Objekte und der raumwirksamen Prozesse zwischen diesen Objekten. Sie stellt den räumlichen Verbund eines charakteristischen Bündels von Wirtschaftstätigkeiten dar, die auf eine dominierende Wirtschaftsaktivität ausgerichtet sind und deren Interaktionen überwiegend auf eine Region als räumlichen Funktionskomplex beschränkt sind. Die Wirtschaftsformation eignet sich besonders zur Darstellung wirtschaftlicher Systeme, die für einen Landschaftsraum strukturbestimmend sind. Dies gilt z. B. für die Plantagenwirtschaft, den Bewässerungsfeldbau, Weinanbaugebiete, aber auch die Montanindustrie oder den regionalen, landschaftsbestimmenden Fremdenverkehr. Ursprünglich in der Agrargeografie entwickelt, wurde der Begriff später auch auf die Industriegeografie übertragen, hat aber in der jüngeren, sich von physiognomischen Betrachtungen loslösenden Wirtschaftsgeografie an Bedeutung verloren.

Wirtschaftsgebiet

Begriff des Außenwirtschaftsrechts. Der Geltungsbereich des Außenwirtschaftsgesetzes (AWG), also die Bundesrepublik Deutschland und Zollfreigebiete (z. B. Helgoland), war definiert in § 4 I Nr. 1 AWG a. F.. Die österreichischen Gebiete Jungholz und Mittelberg galten als Teil des Wirtschaftsgebiets. Die Zollanschlüsse galten als Teil des Wirtschaftsgebiets.

Gegensatz: Fremde Wirtschaftsgebiete.

Der Zollausschluss an der deutsch-schweizerischen Grenze (Enklave Büsingen) galten nach § 4 I Nr. 2 AWG a. F. für das Verbringen von Sachen und Elektrizität als Teil fremder Wirtschaftsgebiete.

Seit dem 1.9.2013 durch die Novellierung des Außenwirtschaftsrechts (BGBl. I 2013 Nr. 28, 1496) weggefallen. Seitdem gilt das Inländerkonzept.

Wirtschaftsgeografie

I. Begriff

Die Wirtschaftsgeografie beschäftigt sich mit der räumlichen Dimension wirtschaftlicher Prozesse und Aktivitäten. An der Schnittstelle zwischen Geowissenschaften, Geografie und Wirtschaftswissenschaften untersucht sie das Verhältnis von Wirtschaft und Raum und bemüht sich deshalb um eine Synthese von Wirtschaftsforschung und geografischer Forschung. Hierbei findet die Wirkung natürlicher Raumfaktoren auf wirtschaftliches Handeln (bzw. umgekehrt) besondere Beachtung. Daneben weisen auch Schnittstellen zu Disziplinen im weiteren Feld der Sozialwissenschaften, so z.B. im soziokulturellen Bereich, hohe Relevanz auf. Zentraler Forschungsgegenstand ist der Wirtschaftsraum in seinen verschiedenen Maßstabsebenen bzw. wirtschaftliche Aktivitäten von Akteuren in räumlicher Perspektive. Es gilt, alle vom Wirtschaftsleben ausgehenden bzw. darauf einwirkenden Interaktionen sowie Struktur- und Prozessmechanismen auf ihre Raumrelevanz hin zu untersuchen. Generelles Ziel ist es, räumliche Verbreitungs- und Verknüpfungsmuster bzw. organisations- und Interaktionsformen, die sich aus dem wirtschaftlichen Handeln unterschiedlicher Akteure ergeben, zu erfassen und fachlich zu bewerten.

II. Forschungsgegenstände

Das Forschungsgebiet der Wirtschaftsgeografie ist heute zum größten Teil in dem weiten Überlappungsbereich zwischen Wirtschafts- und Gesellschaftswissenschaften angesiedelt. Sowohl Forschungsmethodik als auch Fragestellungen orientieren sich stark an denen der benachbarten Wirtschafts- und Sozialwissenschaften. Im Einzelnen lassen sich folgende Forschungsgegenstände bzw. Aufgabenstellungen anführen:

Standortforschung: Analyse des Verhaltens bei der Standortwahl; Durchführung von Standortanalysen; Entwicklung von Konzepten zur betrieblichen Standortplanung; Gründungsforschung, Clusteranalysen.

Regionale Strukturforschung: Erforschung der Ursachen und Entwicklung regionaler Disparitäten sowie daraus Ableitung von Maßnahmen der Regionalpolitik und Regionalentwicklung.

Risiko- bzw. Hazardforschung: Untersuchung der Auswirkungen bestimmter Risikokategorien (Natural Hazards, Man-made Hazards, Social Hazards) auf einzelne Wirtschaftsräume.

Ressourcenforschung: Analyse der Knappheit und Verteilung von Rohstoffen und Ressourcen, ihres Einsatzes in der Wirtschaft, ihrer Regenerierbarkeit (Recycling), Erkundung und Bewertung der Gewinnungs-, Transport- und Nutzungsrisiken.

Internationalisierung der Wirtschaft: Untersuchung der Raumwirksamkeit von Organisationsformen und Unternehmensentscheidungen auf internationaler Ebene (z. B. internationale Verteilung von Wertschöpfungsaktivitäten, internationale Standortwahl, Außenhandelsverflechtungen, Direktinvestitionen) unter Berücksichtigung zeitlicher Veränderungen und regional differierender Einflüsse (z. B. Länderrisiken, kulturelle Faktoren).

Strukturwandel in räumlicher Perspektive: Der Übergang von der Industrie- zur Wissensgesellschaft; die Verschiebung des ökonomischen Schwerpunktes von der industriellen Massenproduktion hin zu flexiblen, spezialisierten Produktionssystemen; die *Globalisierung* wirtschaftlicher Prozesse bei gleichzeitiger Bildung regionaler Unternehmenskonzentrationen und Aufwertung regionaler Bezüge; die Ausbreitung regionaler und supranationaler Integrationssysteme (z. B. die Erweiterungen der Europäischen Union); die Transformation der Wirtschaftssysteme in den ehemaligen sozialistischen Staatshandelsländern, d. h. der Übergang von der Zentralverwaltungs- zur Marktwirtschaft; der Primat einer nachhaltigen, d. h. sozialökologischen Modernisierung der Wirtschaft.

III. Klassifizierung

Nach ihrem *räumlichen Anwendungsbezug* lässt sich die Wirtschaftsgeografie wie folgt unterscheiden: Die *Allgemeine Wirtschaftsgeografie* befasst sich mit den allgemeinen Regelhaftigkeiten und Gesetzmäßigkeiten von Wirtschaftsräumen. Theoriegeleitet versucht sie, den Nachweis räumlicher Verbreitungs- und Verknüpfungsmuster als Resultat ökonomischer Aktivitäten des Menschen und gesellschaftlicher Rahmenbedingungen in ihrer Raumbedingtheit bzw. Raumwirksamkeit zu erbringen. Die *Regionale Wirtschaftsgeografie* untersucht dagegen die spezifischen, individuellen Systemelemente und Entwicklungsmerkmale einzelner

Wirtschaftsräume, die sich von der Mikro-, über die Makro-, bis hin zur globalen Ebene erstrecken können. Die *Angewandte Wirtschaftsgeografie* hält ein Grundlagenwissen zur Bearbeitung raumbezogener und raumfunktionaler Probleme des praktischen Lebens bereit (z. B. die Evaluierung von Maßnahmen zur Wirtschaftsförderung bzw. zur Entwicklung ländlicher oder industrieller Räume) und wird - oftmals planerische und interdisziplinäre Ziele verfolgend - für außerwissenschaftliche Bedürfnisse betrieben. Nach *Produktionszweigen bzw. Wirtschaftssektoren* kann die Wirtschaftsgeografie in die Agrargeografie, die Bergbaugeografie, die Industriegeografie und die Geografie des Tertiären Sektors (vor allem Dienstleistungsgeografie, Handelsgeografie, Verkehrsgeografie, Freizeitgeografie, Tourismusgeografie) unterteilt werden. Die Wirtschaftsgeografie weist ferner Verbindungen zu anderen *Teilbereichen der Humangeografie* auf. So bestehen thematische Anknüpfungspunkte unter anderem zur Siedlungsgeografie (z. B. Wirtschaftsstrukturen und Standortmuster städtischer oder ländlicher Siedlungen), zur Bevölkerungsgeografie (z. B. die Raumwirksamkeit des Arbeits- und Freizeitverhaltens einzelner Bevölkerungsgruppen) sowie zur Politischen Geografie (z. B. die Auswirkungen der räumlichen Lage einschließlich der politisch-administrativen Untergliederung von Staaten sowie deren prägenden politischen Kräfte auf die nationalen und internationalen Wirtschaftsbeziehungen). Wirtschaftsgeografische Aspekte kommen ferner auf dem Gebiet der Regional Governance zum Tragen. Thematische Beziehungen bestehen auch zu einzelnen *Teilbereichen der Physischen Geografie*. So weist z. B. die Agrargeografie Anknüpfungspunkte zur Klima-, Vegetations- und Bodengeografie auf. Enge Verbindungen zur Geomorphologie und Hydrogeografie gehen unter anderem - neben ihren Bezügen etwa zur Geologie und Mineralogie - von der Bergbaugeografie aus, indem diese sich mit der durch bergbauliche Tätigkeiten veränderten Natur- (und Kultur-)landschaft sowie Problemen der Rekultivierung bzw. dem Flächenrecycling von Bergbauregionen befasst. Eine weitere Schnittstelle ist mit der umweltbezogenen Risikoforschung auszumachen. Denn einerseits können bestimmte wirtschaftsräumliche Nutzungsentscheidungen (z. B. ein exponierter Industrialisierungsdruck oder der Einsatz spezifischer Technologien in stark naturgefährdeten Regionen) eine Ursache bzw. Verstärkung der Gefahr durch länder- bzw. regionsspezifische Naturrisiken darstellen. Andererseits beschäftigt sich die Wirtschaftsgeografie auch mit der Erfassung und der Analyse der regionalwirtschaftlichen Auswirkungen von Naturgefahren.

IV. Fachliche Entwicklungs- und Forschungstraditionen

Im Rahmen der *wirtschaftlichen Länderkunde* versteht sich die Wirtschaftsgeografie bis ins 19. Jahrhundert als Wirtschaftskunde der Staaten auf der Grundlage des funktionalen Ansatzes. Sie versucht, wirtschaftliche Grundfunktionen in ihren räumlichen Strukturen und Prozessen abzubilden. Wirtschaftsgeografische Forschung reichte in der Regel zunächst nicht über eine deskriptiv ausgerichtete Empirie hinaus. Im *raumwirtschaftlichen Paradigma* (raumwirtschaftlicher Ansatz, Raumwirtschaftslehre) stehen nicht mehr die länderspezifische Wirtschaftskunde und die Beschreibung von Wirtschaftslandschaften, sondern die wissenschaftlich fundierte Erklärung der räumlichen Verteilung und funktionalen Verflechtungen einzelner Elemente (z. B. Standortstrukturen, Handelsbewegungen, Unternehmenskonzentrationen), die aufgrund räumlicher Gesetzmäßigkeiten aufgezeigt, erklärt und bewertet werden sollen, im Mittelpunkt. Der Raum wird zumeist als Kostenfaktor betrachtet, wodurch ökonomische Theorien in die Wirtschaftsgeografie integriert werden (z. B. Industriestandorttheorie, Thünen-Modell, System zentraler Orte). Das unterstellte Menschenbild ist stets der Homo oeconomicus. Kritisiert wird an dieser Richtung der Wirtschaftsgeografie, dass Räume als Untersuchungsobjekte quasi personifiziert und zu Akteuren gemacht werden, während sozial- und verhaltenswissenschaftliche Parameter weitgehend ausgeblendet bleiben. Eine Gegenposition stellt die New Economic Geography dar, die sich durch Kritik und zunehmende Komplexität in der Untersuchung ökonomischer und sozialer Prozesse gegenüber dem raumwirtschaftlichen Ansatz legitimiert. Im Gegensatz zum raumwirtschaftlichen Ansatz rücken im *handlungs- und akteursorientierten Ansatz* die Akteure (z. B. Individuen, Unternehmen, Organisationen) in den Fokus der Betrachtung, indem ihr Handeln als Ursache für räumliche Strukturen anerkannt wird. Das Ziel der rein-deterministischen Theorie- und Modellbildung wird zugunsten der Anschauung, dass das Handeln menschlicher Akteure nicht gesetzmäßig beschrieben werden kann, aufgegeben. Als Menschenbild des ökonomisch Handelnden wird der Satisfizer unterstellt. Ein jüngerer Ansatz ist die relationale Wirtschaftsgeografie. Dabei wird ökonomisches Handeln nicht als abstraktes, sondern als soziales, in konkrete Strukturen eingebundenes Handeln (Embeddedness) gesehen. Es werden nicht mehr isoliert räumliche Strukturen, sondern akteursgebundene Aspekte in räumlicher Perspektive, wie z. B. ökonomische Innovationen, unternehmensübergreifende Organisationsformen und Prozesse des kollektiv-institutionellen Lernens, analysiert.

Wirtschaftslandschaft

Vom wirtschaftenden Menschen umgestaltete Naturlandschaft. Hinter dem komplexen Gefüge der beobachtbaren Elemente einer Wirtschaftslandschaft steht ein systemähnlicher, einzigartiger kausaler Zusammenhang zwischen menschlichen und natürlichen Faktoren. Je nachdem, welche Funktion dominiert, ist die Wirtschaftslandschaft eine Agrarlandschaft, Bergbaulandschaft, Industrielandschaft, Fremdenverkehrslandschaft etc. Diese vor allem auf Beobachtung und Beschreibung des Landschaftsbildes beruhende Gliederung in individuelle Wirtschaftslandschaften oder Landschaftstypen steht im Gegensatz zur Regionalanalyse.

Wirtschaftsraum

Durch menschliche Aktivitäten organisierter und gestalteter Erdraum bzw. Landschaftsausschnitt, welcher durch bestimmte sozioökonomische Strukturmerkmale und funktionale Verflechtungen charakterisiert ist. Der Wirtschaftsraum hebt sich durch seine individuelle Struktur von dem ihn umgebenden Wirtschaftsraum ab. Im Gegensatz zum Wirtschaftsgebiet wird eine Abgrenzung des Wirtschaftsraums auf Basis politischadministrativer Verwaltungseinheiten vermieden. Eine Ausgliederung nach Regions- oder Ländergrenzen erscheint nur bei makrogeografischer Betrachtungsweise (z. B. EU, NAFTA) als sinnvoll. Im Regelfall wird ein Wirtschaftsraum auf der Grundlage kleinräumig zur Verfügung stehender Daten (z. B. auf Gemeindebasis) abgegrenzt.

Der Wirtschaftsraum ist das *zentrale Forschungsobjekt der* Wirtschaftsgeografie. Diese analysiert Wirtschaftsräume in zweierlei Hinsicht:

(1) Strukturell wird das innere Gefüge der raumprägenden Elemente eines Wirtschaftsraums bezüglich seiner Lage- und Eigenschaftsdimensionen untersucht.

(2) Funktionell werden Art, Intensität und Dynamik der das räumliche Wirkungsgefüge prägenden Verflechtungen und Systemzusammenhänge analysiert.

Im Mittelpunkt der Betrachtung steht die Erforschung der Relationen zwischen ökonomischen und anthropogenen Elementen bzw. zwischen Wirtschaft und naturräumlichen Strukturen mit dem Ziel der Erfassung und Erklärung räumlicher Ordnungssysteme und Organisationsformen. In jüngerer Zeit ist die umfassende Wirtschaftsraumanalyse hinter die Beschäftigung mit ausgewählten Teilfragestellungen zurückgetreten. So richtet sich das Interesse zunehmend auf die Erforschung der Bildung und Entwicklung regionaler Produktionscluster und deren Entwicklung in einem spezifischen soziokulturellen Kontext (kreatives Milieu, Embeddedness, relationale Wirtschaftsgeografie). Auch raumwirksame Aspekte der Globalisierung und neuen internationalen Arbeitsteilung werden zunehmend behandelt. Besondere Beachtung findet das Beziehungsgefüge zwischen globalen und lokalen Prozessen und Systemen (Glokalisierung).

Wirtschaftsstufentheorie

Von W. W. Rostow (1960) konzipierte Entwicklungstheorie, die den historischen Ablauf des wirtschaftlichen Wachstums eines Staates in fünf Wachstumsstadien einteilt:

(1) die traditionelle Gesellschaft,

(2) die Gesellschaft im Übergang,

(3) der wirtschaftliche Aufstieg,

(4) die Entwicklung zur Reife und

(5) das Zeitalter des Massenkonsums. Nach der Vorstellung von Rostow durchlaufen alle Länder diese Stadien der Entwicklung (Modernisierungstheorien).

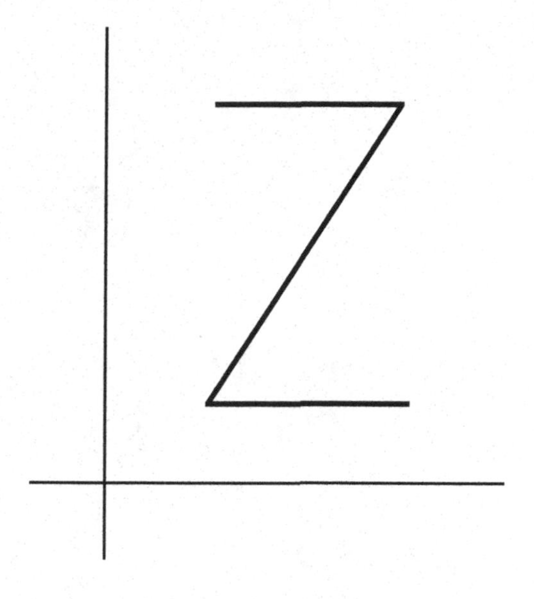

Springer Fachmedien Wiesbaden (Hrsg.), *222 Keywords Wirtschaftsgeografie*,
https://doi.org/10.1007/978-3-658-23652-6_19

Zeitdistanzmethode

Verfahren im Rahmen der Standortwahl. Gemessen wird die Entfernung in Gehminuten sternenförmig um den Standort eines Handelsgeschäfts. Man erhält sogenannte Isochronen, deren Entfernung zum Standort jeweils gleich groß ist. Methode zur Bestimmung des Einzugsgebietes.

Zentraler Ort

Standort - in der Regel als Stadt oder städtische Siedlung verstanden - an dem zentrale Dienste und Güter für die Versorgung eines Umlands als Einzugsbereich angeboten werden. Ein zentraler Ort weist Zentralität auf, d.h. Bedeutungsüberschuss über die Versorgung der eigenen Bevölkerung hinaus. Die Theorie der zentralen Orte geht auf das Modell von W. Christaller (1933) zurück und wurde seitdem vielfach weiterentwickelt, z.B. auch auf innerstädtische Zentren übertragen und für die Landes- und Regionalplanung nutzbar gemacht. Das System der zentralen Orte eines Raumes ist in der Regel hierarchisch aufgebaut (zentralörtliche Hierarchie). Man unterscheidet - entsprechend dem zentralörtlichen Angebot und dem Einzugsbereich - vor allem Ober-, Mittel- und Unterzentren mit jeweiligen Zwischenstufen. Bezüglich der Bevölkerungs- und Erwerbsstruktur ist für zentrale Orte ein relativ hoher Anteil von Beschäftigten im tertiären Sektor auffällig. Voll ausgebildete zentrale Orte höherer Hierarchiestufen bieten sowohl private als auch kommunale und staatliche zentrale Dienste an.

Zentrales Gut

Gut von überörtlichem Bedarf, das notwendig punkthaft in einem Zentrum angeboten und flächenhaft von den Verbrauchern in dessen Einzugsbereich nachgefragt wird. Die Zentralität eines Gutes richtet sich nach der Distanz, die ein Verbraucher zu überwinden bereit ist, um dieses Gut an einem zentralen Ort zu erwerben. Je nach Zentralität wird das Gut nur in bestimmten Orten der zentralörtlichen Hierarchie angeboten. Je hochrangiger der zentrale Ort ist, umso seltenere und wertvollere zentrale Güter bietet dieser zusätzlich zur Grundversorgung an und umso größer gestaltet sich sein Einzugsbereich.

Zentrum

Im Vergleich zur Peripherie der wirtschaftlich aktivere Raum, der relativ weit entwickelt ist und Dominationseffekte auf die Peripherie ausüben kann. Zentrum und Peripherie sind Ausdruck der räumlichen Verortung von Elementen im Raum (z. B. Unternehmen), der räumlichen Arbeitsteilung sowie der funktional-räumlichen Differenzierung von Gesellschaft und Wirtschaft. Zentrum und Peripherie bilden sich in unterschiedlichen Maßstabsbereichen aus.

Zwei-Regionen-Modell

Häufig verwendete Abstraktion in ökonomischen Theorien, welche die räumlichen Dimensionen der wirtschaftlichen Aktivitäten berücksichtigen, wie z. B. in der interregionalen Außenhandelstheorie, der Export-Basis-Theorie oder im Zentrum-Peripherie-Modell. Das Zwei-Regionen-Modell wird in die beiden (Teil-)Regionen Peripherie und Zentrum unterteilt, um die Einflüsse der beiden aufeinander zu untersuchen. Kontakte von Peripherien mit anderen Peripherien oder von Zentren untereinander werden dabei ausgeschlossen.

Printed in the United States
By Bookmasters